生物之間的互動，總是令人感到驚豔，尤其是互利共生現象：兩種完全沒有關係的物種，在時間的洪流中，不知為何演化把兩者湊做堆，緊密地生活在一起，且雙方都能因此獲益，甚至無法缺少彼此而生存！這種關係就像是「好朋友」一樣，就讓我們跟隨作者生動的文字與精采的繪圖，一起來認識一下大自然中的最佳拍檔們吧！

──王俊凱，
專欄作家、新北市八里國中生物科教師

是從書名到內容都讓人愛不釋手的一本書。自然觀察的世界中，很多生物具有獨特的行為，這些行為通常與其他生物有關係，需要透過研究與追蹤才能了解。本書將各種不為人知的可愛、溫馨、恐怖生物關係，運用三大主題輔以有趣的圖文精彩呈現，看完後頓時啟發新的觀察視野，如果您跟我一樣喜歡帶著家人一起探訪自然、學習新知，這本書熱血推薦！

──黃士傑，
科普書籍作家、自然觀察家

本書對自然界中誰對誰做了什麼進行了一場引人入勝又奇妙的探索。艾瑞絲‧葛特利柏風格獨具的畫風與文風相得益彰，正如書中所描述的關係一般和諧。妙極了！

──索爾‧漢森（Thor Hanson），
《種子的勝利》（ *The Triumph of Seeds*，商周出版）作者

如果你以為自己很懂關係，請再三思。艾瑞絲‧葛特利柏創造了一個奇幻櫥櫃，裡頭裝滿了自然界各種出人意表的合作關係。本書每一頁都帶給我啟發，幽默風趣的重點摘要也常讓我發笑。凡是熱愛大自然的人都一定會喜歡這本可愛又生動的書籍。

──珍妮佛‧亞克曼（Jennifer Ackerman），
《鳥的天賦》（ *The Genius of Birds*，商周出版）作者

插圖精美，文詞幽默又具有啟發性，讓我們明白地球上沒有任何生物是真正孑然一身（這點有好有壞）。看完本書後，我對萬物之間的互聯關係有了全新的感動。

——佐久川由美（Yumi Sakugawa），

There Is No Right Way to Meditate: And Other Lessons 作

....

本書針對動物的共生特性及彼此的糾葛提供了許多難以置信的事實。縞與疣豬、螞蟻與蚜蟲、吸血蝙蝠與牲畜：保證你的上一段感情都沒這麼詭異。

——《奧克蘭雜誌》（*Oakland Magazine*）

....

艾瑞絲·葛特利柏針對自然界所繪的精美插圖讓科學知識變得淺顯易懂又有趣。

——《太陽先鋒報》（*The Herald-Sun*）

....

野生動物世界既複雜又充滿驚奇，包括物種之間的互助與互傷行為……書裡的每個章節都介紹不同的動物組合以及兩者如何互助（或互惱）的細節！

——《新月女孩》雜誌（*New Moon Girls*）

....

本書從頭到尾都引人入勝，是個人及圖書館藏書的上上之選。

——《美國中西部書評》（*Midwest Book Review*）

....

作者艾瑞絲·葛特利柏……用大膽的水彩畫替她的書籍繪製插圖。

——《卡斯珀明星論壇報》（*Casper Star Tribune*）

本書是一本有豐富插圖和事實的可愛讀物，絕對值得收藏。

——部落格Over 40 and a Mum to One

我很愛看這些從酷炫到噁心的動物關係介紹，也很喜歡書中的插圖。

——部落格Folded Pages Distillery

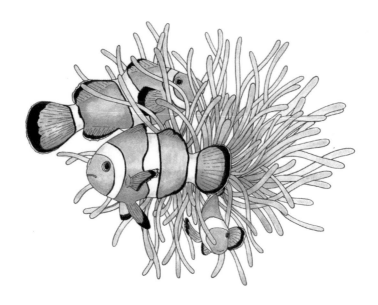

Natural Attraction:

A Field Guide to Friends, Frenemies, and Other Symbiotic Animal Relationships

萌萌生物關係圖鑑

70種生物的**不思議同居關係**

Iris Gottlieb 艾瑞絲·葛特利柏——著

方淑惠——譯

科學新視野 153

萌萌生物關係圖鑑
70種生物的不思議同居關係

作　　　　者	／	艾瑞絲‧葛特利柏（Iris Gottlieb）
譯　　　　者	／	方淑惠
企 劃 選 書	／	羅珮芳
責 任 編 輯	／	羅珮芳
版　　　　權	／	黃淑敏、林心紅
行 銷 業 務	／	莊英傑、李麗淳、黃崇華
總　 編　 輯	／	黃靖卉
總　 經　 理	／	彭之琬
事業群總經理	／	黃淑貞
發　 行　 人	／	何飛鵬
法 律 顧 問	／	元禾法律事務所王子文律師
出　　　　版	／	商周出版

台北市104民生東路二段141號9樓
電話：(02) 25007008　傳真：(02)25007759
E-mail:bwp.service@cite.com.tw

發　　　　行　／　英屬蓋曼群島商家庭傳媒股份有限公司城邦分公司
台北市中山區民生東路二段141號2樓
書虫客服服務專線：02-25007718、02-25007719
24小時傳真服務：02-25001990、02-25001991
服務時間：週一至週五上午09:30-12:00；下午13:30-17:00
劃撥帳號：19863813；戶名：書虫股份有限公司
讀者服務信箱E-mail：service@readingclub.com.tw
城邦讀書花園：www.cite.com.tw

香 港 發 行 所　／　城邦（香港）出版集團
香港灣仔駱克道193號東超商業中心1F
電話：(852)25086231　傳真：(852)25789337
E-mail：hkcite@biznetvigator.com

馬 新 發 行 所　／　城邦（馬新）出版集團【Cite (M) Sdn Bhd】
41, Jalan Radin Anum, Bandar Baru Sri Petaling,
57000 Kuala Lumpur, Malaysia.
電話：(603) 90578822　傳真：(603) 90576622
Email: cite@cite.com.my

封 面 設 計	／	日央設計
內 頁 排 版	／	陳健美
印　　　　刷	／	中原造像股份有限公司
經　　　　銷	／	聯合發行股份有限公司

地址：新北市231新店區寶橋路235巷6弄6號2樓
電話：(02)2917-8022　傳真：(02)2911-0053

■2019年6月6日初版　　　定價399元　　　　Printed in Taiwan

城邦讀書花園
www.cite.com.tw

版權所有，翻印必究 ISBN 978-986-477-599-6

國家圖書館出版品預行編目資料

萌萌生物關係圖鑑：70種生物的不思議同居關係 / 艾瑞絲‧葛特
利柏(Iris Gottlieb)著；方淑惠譯. -- 初版. -- 臺北市：商周出版：家
庭傳媒城邦分公司發行, 2019.01
　面；　公分. -- (科學新視野；152)
譯自：Natural attraction : a field guide to friends, frenemies, and other
symbiotic animal relationships
ISBN 978-986-477-599-6(精裝)

1.共生 2.寄生

367.343　　　　　　　　　　　　　　　　107022514

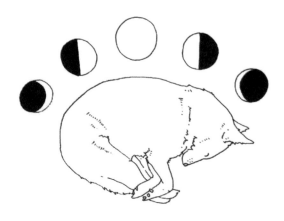

本書僅獻給我個人的共生生物，狗狗邦尼

Contents

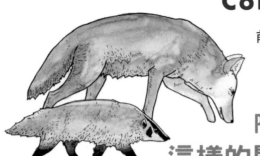

PART 1
這樣的關係很可以

PART 2
這樣的關係有點謎

PART 3
這樣的關係不太妙

....

前言

　　摯友、敵友、不勞而獲者、惡霸、模仿者、食客、隊友、室友、房東、鄰居、破壞家庭者、合作者、騙子、操縱者、冷面殺手。我們習慣了各式各樣的人物與人際關係，但動物之間的關係也同樣古怪又複雜。

　　事實上，動物的關係可能古怪得多：在自然界，鳥類、哺乳類動物、爬蟲類動物、植物、昆蟲、魚類、藻類、真菌和細菌，都與其他物種形成非比尋常的合作關係。宇宙中沒有足夠的關係狀態能夠形容動物彼此間的巧妙關係：捕鳥蛛青蛙室友、魚和鰻魚的獵捕之舞、螞蟻的蚜蟲牧場等。自然界充滿了各式各樣奇異的生物和組合。

　　有時這些奇特的關係對雙方都有利（互利共生）。例如，花朵吸引昆蟲和鳥類，藉此散播花粉與種子以確保植物繁衍，而昆蟲和鳥類也透過這種安排一生飲食無虞。

　　有時這些關係只對其中一個物種有利（片利共生），像是為了防止掠食者而將鳥巢建在蜂群附近的鳥類。而有時某種生物則是藉由傷害另一個物種而生存（寄生），例如甲蟲將蟲卵產在松樹中導致松樹枯死，或是真菌在昆蟲體內繁殖害昆蟲變成殭屍。

　　不論誰占上風，這些都屬於共生關係，也就是物種彼此關係密切地生活在一起──不論關係是好是壞。

　　共生關係是促進與形塑演化的重要因素。物種會應自己的生存需求而配合另一個物種演化，有時在演化的過程

中會發展出十分古怪的特徵。

　　共生關係確實是整個生態系統的基石，如果少了這些連結，整個生態體系可能會因此崩解。

　　沒有人（或動物、植物、真菌）是座孤島。這些奇特又驚人的自然關係就像一種提醒（如果真有這種東西的話），亦即所有生命都互有關聯（關係狀態：複雜）。

　　我們彼此需要，即使有時我們也會吃了彼此。

（注：書中的「生物筆記」內容並不盡然符合每篇歸類，僅作為補充資料使用。）

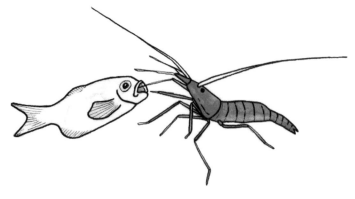

Part 1

這樣的關係
很可以

　　互利共生關係就像是自然界的擊掌歡呼，是最美好、最具合作性的跨物種關係。你替我抓背（或幫我抓蝨子讓我保持健康），我也幫你抓背（或確保你飲食無虞），大家和樂融融，每個人都是贏家。

　　這種正向關係大多不但重要，也是肉眼看不見的。舉例來說，生活在我們腸道內的微生物可以幫我們消化食物，同時也獲得養分和安全的棲身之所。或是真菌將土壤裡的植物根部當成安全的避風港，也幫助它們的植物宿主吸收養分與水分。

　　正如詩人阿佛烈・丁尼生男爵所描寫的「腥牙血爪」，自然界有時很殘酷。但這些互利關係也顯示大自然也可以是美好而仁慈的。

海中洗車場

清潔蝦與超乾淨魚

地點：全球各地的珊瑚礁

關係狀態：完美無瑕。髒兮兮的魚看到清潔蝦會張大嘴在蝦子的清潔站悄悄就定位，表示自己準備好接受服務，並在蝦子大嚼自己身上的穢物時耐心地靜止不動。這些顧客大可以輕鬆（且開心）地一口吞掉蝦子。但這樣一來，誰還能提供牠們這個重要的服務呢？這種清潔的舉動可說是一種避免遭到掠食的做法。通常魚甚至會讓蝦子清潔牠們的口腔內部。

在此同時，蝦子也不必四處覓食就能飽餐一頓。魚和蝦只要待在一起，雙方就能同時受惠。有些類型的蝦子和鰻魚十分滿意這種關係，甚至決定共同生活，棲息在同一個岩縫中。

重點摘要：別吃掉幫自己清潔身體的蝦子。

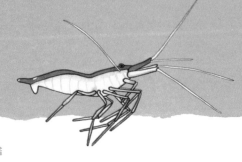

超乾淨魚：雖說魚需要洗澡聽來很怪，畢竟牠們已經生活在一個大浴缸裡，但魚類確實需要定期清潔。扁蟲、蛔蟲、皮膚寄生蟲和其他各式各樣的寄生蟲，都可能導致魚生病或短命。

清潔蝦：清潔蝦（包括許多不同種類）是小型甲殼動物，能幫魚類、鰻魚、魟魚、海綿及其他海洋生物清除牠們身上的小碎屑、死皮和寄生蟲。這些嚴謹的動物通常會在「清潔站」（就像礁岩頂上的洗車場）開店營業，在店裡招攬顧客，保證將客人打理得清潔溜溜。黃嘴清潔蝦甚至還會當街跳舞吸引潛在顧客。

穴居捕鳥蛛：這種體型龐大、毛茸茸的有毒蜘蛛可以用銳利的毒牙和迅捷的突擊，獵捕體型比自己大上2倍的獵物。捕鳥蛛是地球上體型最大的蜘蛛，有些身長約25公分，壽命最長可達25年，光想像都令人發毛。穴居捕鳥蛛白天會棲息在地下、隱蔽處或在樹洞中避暑，晚上才外出狩獵，利用全身敏感的細毛來偵測鄰近動物的動作和釋放的化學訊號。牠們雖然體型龐大，但動作十分靈巧，暗地裡悄悄行動，然後快速撲向獵物。牠們的獵物主要包括昆蟲、其他蜘蛛、蛇、蜥蜴和青蛙。

斑點蛙：又名姬蛙，這種體型嬌小、櫻桃小口、皮膚粗糙、身上有黑色與棕色麻點的夜行性蛙類主要棲息在低地沼澤、潮溼的樹林和淡水溼地。

不可能的室友

穴居捕鳥蛛與斑點蛙

地點：祕魯東南部、東南亞及美洲中南部

關係狀態：同居在一塵不染的洞穴中。捕鳥蛛通常不會放過多數兩棲動物，但牠們一遇到斑點蛙心腸就變軟：牠們似乎認得這些青蛙，用口器檢查一番後便讓牠們毫髮無傷地離開。科學家懷疑這種蛙的皮膚含有某種化學物質，能讓捕鳥蛛知道牠們是朋友而非獵物。有科學家做了實驗，將姬蛙的皮膚覆蓋在其他種蛙類身上，再讓捕鳥蛛獵捕（希望姬蛙永遠不會再遇到那位把青蛙剝皮的科學家了）。他的假設正確：捕鳥蛛將姬蛙放走了。

姬蛙也棲息在捕鳥蛛的巢穴中，這對看似不可能的室友白天一起在洞穴中避暑，也在同一個洞穴中產卵。而在夜間狩獵覓食時，姬蛙有時也會躲在捕鳥蛛的正下方，基本上將捕鳥蛛當成毛茸茸的保鑣，可以提供庇護、保護和食物：姬蛙用捕鳥蛛的剩菜餵養蝌蚪，也大口享用這些剩菜引來的小昆蟲。

捕鳥蛛也能從中受惠：姬蛙最愛吃螞蟻，而螞蟻則會偷吃捕鳥蛛的卵，牠們的體型小又動作靈活，捕鳥蛛很難抓到牠們。

重點摘要：和惡霸當朋友就對了。

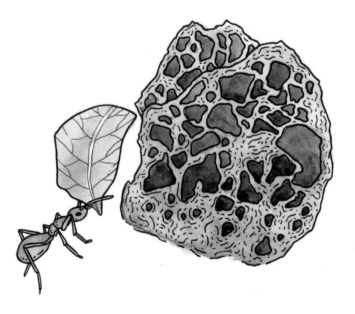

環柄菇真菌：切葉蟻培植出一種高度特化的環柄菇科真菌，已超過5,000萬年。這種真菌的生理構造經過演化，可以為螞蟻提供最大量的養分。這種真菌膨脹的頂體內充滿了螞蟻生存必需的養分。切葉蟻將運來的植物碎片咀嚼後做成菜圃，利用這些腐敗的物質栽植真菌，如此這些真菌不但能提供螞蟻食物，也在森林生態系中扮演了重要的分解者角色。蟻后離開蟻群建立新巢時也會帶走一小塊真菌，以便栽種自己的真菌菜圃。

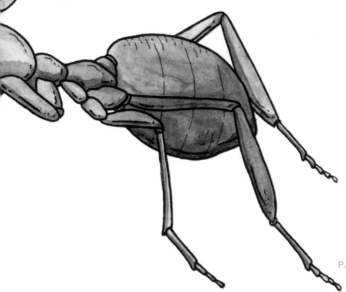

田園愛好者

切葉蟻
與環柄菇真菌

切葉蟻：切葉蟻建造的動物社群規模僅次於人類，是全球第二大，容納多達800萬隻螞蟻的巨大蟻丘直徑可超過60公尺，地底隧道與巢室系統在地下綿延約7.5公尺。切葉蟻會將葉片、花朵與草莖切成小塊，奮力將這些植物碎片拖回蟻窩作為食物。

　　這些螞蟻分為數種階級：蟻后負責產卵——數百萬顆的卵。嬌小的工蟻又稱為「職蟻」，在地底巢穴中負責孵育和食物供給的工作，而體型中等的雌蟻則負責在外搜尋，沿著「螞蟻高速公路」將比自己重上數倍的植物拖回蟻窩。外型驚人的「大蟻」又稱為兵蟻，負責保衛家園；牠們的頭部比工蟻的全身還大，下顎還能切穿皮革。

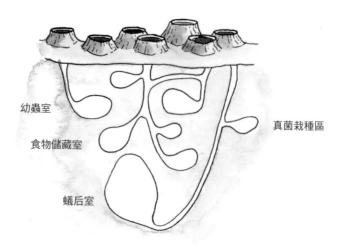

幼蟲室

食物儲藏室

真菌栽種區

蟻后室

地點：中南美、墨西哥及美國南部地區

關係狀態：深耕栽培。切葉蟻幼蟲只吃真菌，而這種真菌經過數百萬年的演化，可以提供螞蟻必需及特定的養分。這種真菌為螞蟻貢獻，而螞蟻也會回報。這是一種專性互利共生，兩個物種都需要彼此才能存活。

除了以真菌為食，螞蟻也維護真菌的健康。牠們借助另一種共生生物做到這點，也就是一種存活於螞蟻腺體內的細菌。這種細菌能分泌一種抗菌物質，可消除有害這些真菌的黴菌。

重點摘要：真菌就在你我身邊。是真的。

蟻后

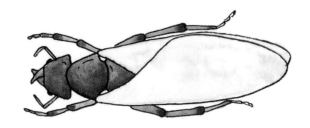

雄蟻

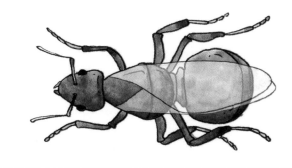

兵蟻

工蟻

可愛的友誼
縞獴與疣豬

地點：撒哈拉以南非洲地區的草原、樹林與大草原

關係狀態：接納一切缺點。疣豬輕輕鬆鬆就能讓縞獴受重傷，但疣豬全身長滿了蝨子，而縞獴最愛吃的就是蝨子。就像魚會讓小蝦清理自己的身體，疣豬也讓這些身上有條紋的小傢伙在自己身上到處爬，大口享用牠們身上沒有其他法子可去除的蝨子。疣豬甚至會躺下來側過身子，讓縞獴一家人爬到自己身上。一旦吃光蝨子縞獴就會迅速離開，疣豬也會立刻起身繼續過牠們的生活。

重點摘要：幫我抓背，我會乖乖躺著。

縞獴：這些長得像黃鼠狼的哺乳類動物具有高度群居性且容易激動，有時多達40隻成群生活，以廢棄的白蟻丘為公共巢穴睡在裡頭，大約1週會更換一次住所。縞獴的身長大約45公分，但體重只有數磅，身上有短毛及深色條紋（帶狀條紋），主要以昆蟲為食，但也會吃鳥蛋和小型爬蟲類及哺乳類動物。縞獴媽媽會讓寶寶待在安全的地底，數週後才讓寶寶出外覓食、和大家一起玩耍，族群的其他成員也會幫忙育兒。

疣豬：疣豬的醜陋度與縞獴的可愛度相當，這種長相瘋狂的野豬之所以稱為疣豬，是因為公疣豬的兩頰有像疣一般凸出的贅肉。疣豬在草叢中覓食時，這兩塊奇怪的隆起贅肉可以保護牠們的臉。疣豬的體重可超過135公斤，雖然牠們通常沒有攻擊性，但必要時仍可用獠牙重創對方（牠們也用獠牙來挖土）。

母負子蟾會將卵嵌入自己背部的皮膚內，這個舉動雖然看來噁心，卻能保護這些卵安全無虞，直到卵孵化為完全成型的蟾蜍。

公黃顫後頜魚是一種口育魚，會將魚卵含在嘴中直到魚卵孵化。

公產婆蟾（這是個多少會讓人誤解的名字）會將一串卵繞在後腿上，直到蝌蚪孵化。

穿山甲蜷起身體時看起來就像松果（十分神奇）；穿山甲寶寶會騎在媽媽背上。

生物筆記

奇特育兒法

蠍子寶寶會待在媽媽背上，一方面可以獲得保護，一方面也能調控溼度。

郊狼：這種聰明的犬科親戚幾乎什麼都吃，從草、魚、老鼠到牲口都不放過。郊狼不但狡猾而且適應力強，遍布北美地區，最南遠至巴拿馬。牠們生活在大草原、森林，甚至是洛杉磯及紐約等大城市。這些犬科動物是短跑高手，最高時速可達64公里，而且眼力絕佳。郊狼在夜間通常會以嚎叫互相溝通——在暗夜裡發出可愛又古怪的叫聲。

美洲獾：這種胖嘟嘟的小黃鼠狼親戚頭上有與臭鼬相似的條紋，身上的毛皮則像浣熊，牠們生活在地底洞穴，具有超級敏銳的聽力與嗅覺。獾是頂尖的挖掘高手，會用爪子（常以樹皮磨爪保持銳利）挖掘老鼠和兔子等獵物。

掠食雙人組
郊狼與美洲獾

地點：北美草原

關係狀態：互助合作。郊狼與獾獵捕的動物大致相同，但手法截然不同。獾會挖掘藏在地底的老鼠，而郊狼則是將老鼠趕到開闊空間，於是這兩種動物便聯合起來在同一個地區狩獵，各自捕捉朝自己而來的獵物。如果小老鼠、松鼠或草原犬鼠躲在地底，或為了躲避郊狼而鑽進地底，獾就能享用大餐。而如果老鼠為了逃避獾而從洞穴跑出來，郊狼就會撲上去抓住牠們。

雖然郊狼和獾不會分享食物，但這種合作關係對雙方都有利。牠們甚至會玩在一起，在狩獵的空檔一起在大草原上嬉鬧玩耍。

重點摘要：能玩在一起的掠食者，就能待在一起。

共餐搭檔

白鬍牛羚與斑馬

地點： 非洲南部與東部

關係狀態： 成群結隊。每年都有上百萬頭牛羚與斑馬為了尋找食物與水源，跟著雨水踏上將近2,900公里的環狀遷徙路線穿過塞倫蓋提大草原。這是一趟艱險的旅程，途中必須橫渡滿是鱷魚的河流，忍受酷熱高溫還有埋伏在四周的掠食者，所以混入大團體中的生存機率會比較大。牛羚的嗅覺十分靈敏但視力不太好，而斑馬則是擁有絕佳的視力，一旦發現掠食者便會大聲鳴叫。這兩種動物團結起來可以在危險逼近時互相警告對方。

　　斑馬也有強健的門牙可以咀嚼高莖野草，而牛羚的闊嘴則適合大口咀嚼短莖野草，因此這兩個物種是絕佳的共餐搭檔。只要牠們聯手，保證能清空整片草地。

重點摘要： 數大就是安全。

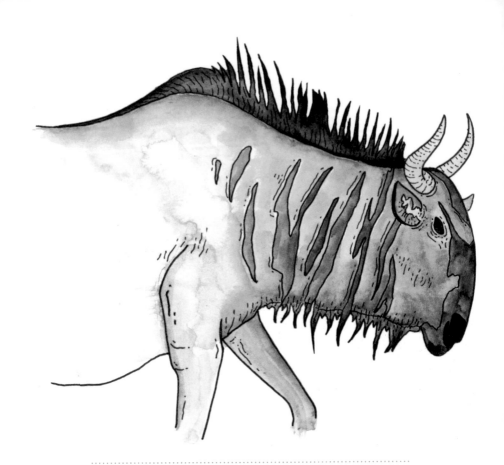

白鬚牛羚：這種銀藍色的羚羊有一對大角、桶狀胸和一張方臉，身高可達2.5公尺，體重達270公斤。白鬚牛羚又名斑紋角馬，往往會成群結隊行動以確保安全，奔跑時速可達80公里，會為了尋找水坑而不斷遷徙。牠們也常在水坑邊遭到主要天敵獵捕，包括獅子、花豹、鬣狗、獵豹、鱷魚和非洲野犬等。

斑馬：斑馬是馬和驢的馬科親戚，有茂密的龐克造型鬃毛及黑白相間的條紋，在平坦、棕色的大草原地景中一點也不低調。但科學家懷疑如此醒目的條紋可能是一種偽裝，可以造成視覺幻象，誤導大型掠食者及傳染疾病的蒼蠅。有些科學家也推論，由於每隻斑馬身上的條紋都不同，因此這些條紋（又名斑馬紋）有助於社群中的斑馬辨認彼此。

斑馬是唯一沒有被馴化的馬科動物，或許是因為牠們只要壓力一大就抓狂，而且被追逐時通常以 Z 字型奔跑，因此不適合當成賽馬。

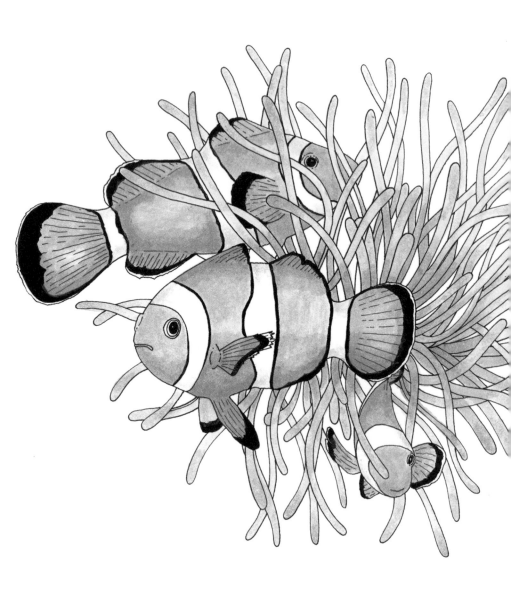

怪異至極的家族譜系
小丑魚和海葵

地點：印度洋與太平洋的溫暖淺海域

關係狀態：房東與房客，而且關係良好。小丑魚皮膚上有一層黏液，因此不必擔心在海葵的消化口中會被分解。這層黏液讓小丑魚能悠游於海葵的有毒觸手之中，避免遭到那些害怕海葵毒性的掠食者獵捕。海葵成為牠們的庇護所。

雖然海葵多達數千種，但只有少數幾種海葵能與小丑魚形成密切關係。這些海葵能從中獲得什麼好處呢？海葵在危機四伏的海洋中為小丑魚提供一個舒適的家，也藉此在覓食時獲得幫助：小丑魚可以吸引其他飢腸轆轆的魚類前來覓食。此外，小丑魚的動作能促進海水流動，帶來額外的氧氣，海葵因此能生活在海洋中可能不適居的區域。而且小丑魚的排泄物也能當成海葵的點心。嗯，好吃。

重點摘要：與朋友親近，與大家的敵人要更近。

小丑魚：這些不停擺動身體的可愛小魚以身上橘白相間的代表性色彩著稱。牠們一家人成群生活，由一對具生殖能力的雄性與雌性大魚帶著許多不具生殖能力的雄性小魚。

雌小丑魚會在滿月時產卵。而奇怪的地方就在於：如果負責繁衍的雌魚過世，她的雄性伴侶很快就會改變性別擔負起她的角色。接著其中一隻較小的雄魚也會很快長大並發展出生殖器官，成為負責繁衍的雄性。家族中其他成員的地位也會跟著晉升一級，但仍是不具繁衍能力的小魚，以免造成階級混亂。這就稱為順序性雌雄同體，是魚類中常見的演化發展。

無論交配順序為何，所有的小丑魚在小丑裝之外都還穿著一層外衣：黏液層。聽起來雖然不怎麼吸引人，卻是小丑魚生存策略的關鍵。

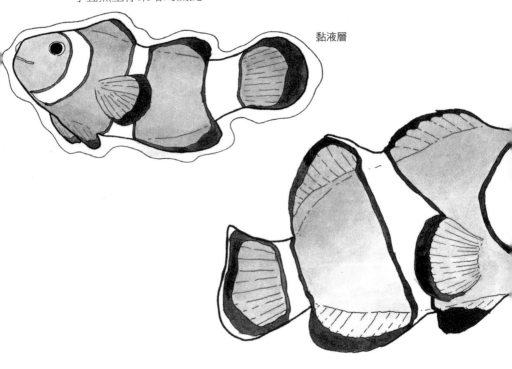

黏液層

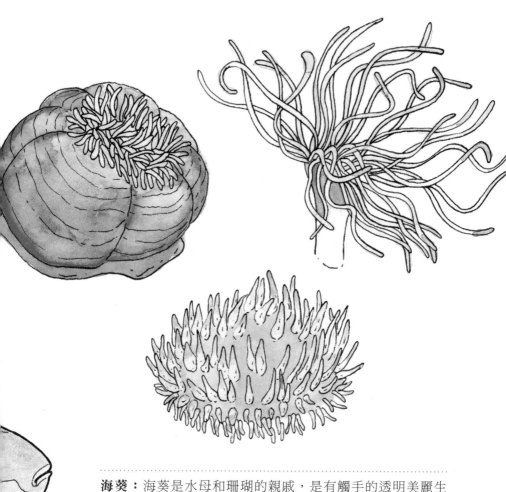

海葵：海葵是水母和珊瑚的親戚，是有觸手的透明美麗生物，看起來像隨著洋流搖曳的奇特海中花朵。多數海葵終其一生都依附在岩石上，等著將經過的小魚刺暈吃下肚。牠們的觸手一碰到獵物就會釋出毒液麻痺獵物。這些觸手包圍著正中央一個看來詭異的口部，而口部則會通往充滿消化液的凹洞，也就是胃部。

狩獵好夥伴

熱帶海鰻
與蠕線鰓棘鱸

地點： 印度洋與太平洋珊瑚礁

關係狀態： 可怕的團隊合作。只有極少數的魚類能夠跨物種合作獵食，海鰻和棘鱸便是其中一種。開放水域中的棘鱸十分危險；海鰻則能鑽進縫隙將裡頭的生物趕出來。在這種情況下，互助合作成了一種危險武器。

　　為了讓海鰻注意到目標，棘鱸會在鰻魚面前擺動自己的身體，默默暗示對方行動。接著棘鱸會在那隻倒楣的獵物附近頭朝下豎直身體向鰻魚示意，就像人類用手指向目標。如果海鰻依舊不感興趣，棘鱸有時會採取極端作法，就是游向那隻鰻魚試圖將對方推向牠們共同的獵物。有些鰻魚會樂於合作；有些鰻魚則喜歡不受打擾。

　　棘鱸和鰻魚並不會共享食物；牠們只吃自己捕到的獵物。但由於牠們聯手出擊的成果會比單獨行動來得豐碩，因此對雙方來說都有好處（當然，那些被吃的獵物除外）。

重點摘要： 無處可躲。

蠕線鰓棘鱸：這種獨居、渾身斑點的橘紅色棘鱸生活在太平洋珊瑚礁附近，身長幾乎可達1.2公尺，通常在黃昏出外獵食，在開放水域橫衝直撞，利用強大吸力將小魚與甲殼類動物吸進自己的大嘴，然後整個吞下。

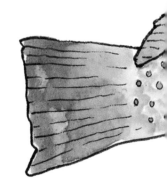

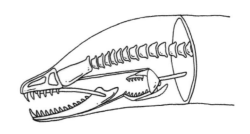

熱帶海鰻：這種身形修長、行動鬼祟、滿身黏滑、臉上帶著駭人猙獰笑容的生物生活在海洋礁岩、岩石及海床裂縫中。海鰻身長可達3公尺，有2組長滿尖牙的顎部，一組是牠們的嘴巴，另一組長滿倒鉤牙的顎部則位於牠們的喉嚨深處，可以前後伸縮以便抓住並限制獵物行動（就像馬路上限制駕駛單向通行的阻車釘）。海鰻一旦咬住獵物幾乎不可能鬆口，至死也不放。包括小魚、烏賊、甲殼類動物和把手伸錯洞的潛水員等受害者，必須撬開牠們的嘴才可能脫身。

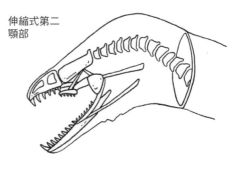

伸縮式第二顎部

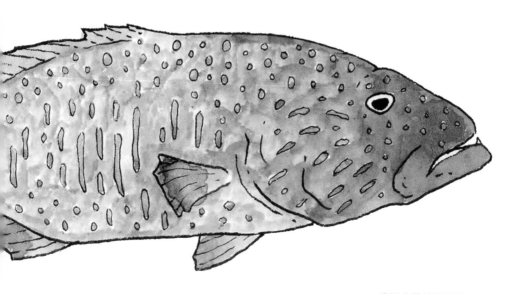

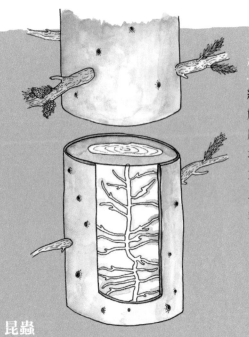

植物

絞殺榕是極惡性的植物，會用彈性觸鬚攀抱其他樹木，以驚人的速度生長，進而侵占有日照的寶貴領域。這種植物的藤蔓會愈長愈密、愈長愈高，導致被寄生的樹木窒息，最終死亡腐朽，只剩下外層絞殺榕樹藤硬化後形成的中空外殼。

昆蟲

高山松甲蟲是森林的夢魘。這種甲蟲通常會鎖定樹齡較大或較虛弱的樹木，會鑽進松樹樹皮下方挖洞。雌甲蟲先切斷樹脂溝後，便在鑽出的洞內產卵。甲蟲蛹孵化後便以木頭為食。這些甲蟲會釋出費洛蒙召喚其他同伴加入；而樹木為了反抗入侵，也會從細胞釋出有毒化學物質，如果甲蟲數量不多，就能殺光牠們。但由於缺少具有保護力的樹脂導致抵抗力減弱，樹木通常無法消滅數量多到足以癱瘓一株大樹的甲蟲。這些甲蟲也會帶來一種藍變真菌，蟲蛹會吃這種真菌補充維生素，成為新一代強壯的入侵者。

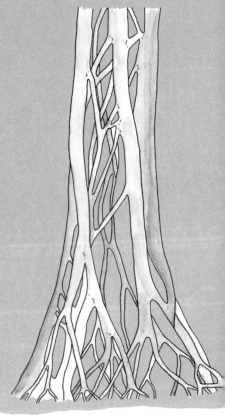

以量取勝的生物

真菌

蜜環菌為地球上最大型的生物，但你幾乎看不見它們的身影。這種真菌生長在地底，會殺光生長路徑中遇到的所有植物。目前發現史上最大的單一菌體位於美國奧勒岡州的藍山山脈，綿延將近4公里。這種菌菇不像多數寄生生物得讓宿主活著才能確保自身的生存，而是屬於食腐生物，因此能藉由自己造成的破壞而生長茁壯。

地衣並非單一生物體，而是藻類與真菌完美的共生夥伴。這種生物繁衍得十分成功，幾乎每個生物群內都找得到它的蹤跡，分布範圍涵蓋地表約6成的陸地，包括苔原，因此是馴鹿冬天的主食。藻類透過光合作用提供養分，而真菌則從周遭環境吸收水分與養分，同時提供穩定的結構讓藻類生存。地衣是真菌這個最古老又最多產的農夫的產物。

鯨豚寶寶

海豚爸爸

偽虎鯨媽媽

古怪的夫妻
瓶鼻海豚與偽虎鯨

地點：熱帶海域

關係狀態：親密。雖然偽虎鯨是極少數以其他海洋哺乳動物為食的鯨魚，但牠們並不吃瓶鼻海豚，反而會與這種海豚做朋友。偶爾發現野生偽虎鯨時，往往都能在牠們身邊看到瓶鼻海豚。

這兩種生物可能基於務實的理由聚集在一起：牠們獵捕的魚類通常成群游動，而且這些海豚的表親也可以互相幫忙留意掠食者。但牠們的關係並不僅止於單純的務實考量。

在2013年發表的一項長達17年追蹤海豚與偽虎鯨活動與互動的研究中，科學家發現這兩個物種會結伴同行，而且關係持續數年，行跡涵蓋數海里。科學家觀察到這兩種動物並肩游泳時有時會觸碰彼此。事實上，這兩個物種早就有互相交配的紀錄，而他們的混血寶寶就是**鯨豚**。

重點摘要：遠距（且跨物種）戀愛還是行得通的。

瓶鼻海豚：海豚因為長相可愛、頭腦聰明、行為友善而廣受人類喜愛，牠們的大腦身體質量比僅次於人類，因此可說是聰明絕頂。海豚會利用回音定位，也就是發出喀喀聲，並透過從鄰近物體反彈的聲波來判斷該物體的距離、大小，甚至是厚度（精確度可達毫米）。海豚也會使用工具，懂得在嘴喙套上海綿，以免被岩石、珊瑚或海底其他的危險物體損傷。牠們會為了歡愉而交配，也會以精密的隊形包圍獵物。牠們的個性活潑外向，多數的空閒時間都在與其他海豚玩耍，也會與人類、鯨魚、海草、垃圾，甚至是自己吹出的氣泡玩耍。

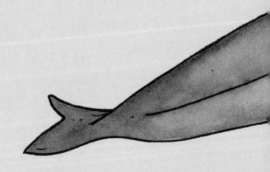

偽虎鯨：人類對偽虎鯨（*Pseudorca*）所知甚少，牠是海豚的一種，看起來就像體型較瘦的黑灰色版虎鯨（因此有偽虎鯨之稱）。這種行蹤隱密、個性內向的生物身長可達6公尺，體重達2.2公噸，大約比牠們的瓶鼻好友長2倍、重10倍以上。除了極寒冷的地區之外，偽虎鯨棲息在全球各地海域，但人類卻很少發現他們的身影。事實上，在丹麥動物學家約翰尼斯・萊茵哈德特（Johannes Reinhardt）於1861年在波羅的海發現一大群偽虎鯨之前，人類還以為這種生物已經絕種。

高度演化

絲蘭蛾與絲蘭

地點：美洲北、中、南部炎熱乾燥地區及加勒比海地區

關係狀態：相依為命，兩者已共同演化超過數百萬年。每一種絲蘭都仰賴自己高度專屬的蛾，如果其中一個物種消失，另一個也會跟著滅絕。

絲蘭開花時（通常一年一次），雌蛾與雄蛾會在花朵內交配。接著雌蛾刮下一團花粉塞在自己有觸鬚的下顎，飛去另一株開花的絲蘭裡產卵，並將那團花粉放在花朵的柱頭，然後雌蛾便死亡。

但她的下一代卻能存活下來。幼蟲會算準在受精花朵結果時孵化，牠們只吃絲蘭的種子（同時確保留下足夠的種子以便該種絲蘭永續生長）。等到幼蟲完全長大後便會掉落地面，將自己埋進土裡結成繭，在土裡待到下一次花季來臨時才蛻變為成蛾飛上絲蘭的花朵，再重複相同的繁衍過程。

重點摘要：共同演化發展出相依為命的關係。

絲蘭蛾：這種白色小飛蛾可以完全融入寄生植物的白色花朵，在這裡度過牠們短短2天成年生活的多數時光。絲蘭蛾不同於多數飛蛾與蝴蝶，並沒有螺旋狀的長吻管或舌頭能從開花植物中挖出花粉，只能用嘴巴四周稱為觸鬚的小觸手摘取絲蘭花粉，壓縮後緊抱著花粉團。成年絲蘭蛾的生命十分短暫，因此不需要進食，牠們之所以帶走花粉，純粹是為了幫牠們的絲蘭好友一個忙。

絲蘭：絲蘭的種類多達40多種，屬於多年生常綠灌木或樹木，有堅硬的劍狀葉與白花。最常見的是千壽蘭與寬葉絲蘭。許多絲蘭都會將水分儲存於根部及表面有蠟、易於儲水的肥厚葉片中。這種植物通常生長於墓園，原本栽種用於避邪，也象徵永生。

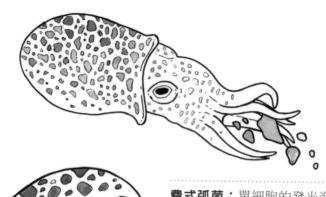

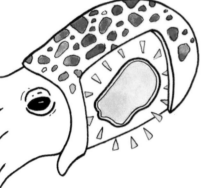

費式弧菌：單細胞的發光海洋菌以格外精密複雜的方式彼此溝通。這種細菌利用化學溝通，向彼此表示自己的所在位置並聚集在一起。一旦許多細菌聚在相同地點（它們無法獨自發光），生物開關便會開啟，讓它們能同時發光照亮四周的海水（或它們棲息的生物）。

夏威夷短尾烏賊：這種迷你的烏賊與人類的大拇指差不多大，生活在沿岸淺水域，白天將自己埋在沙裡，晚上才外出覓食。但牠們面臨一項挑戰：月光會將牠們的影子投射在海床上，導致牠們容易被喜歡吃烏賊的掠食者發現。

於是這些狡猾的頭足類動物便演化出一種絕妙的偽裝方法，也就是讓牠們在黑暗中發光的「發光器」。由於牠們能像月亮一樣發光，因此沒有影子。

牠們真的會發光

夏威夷短尾烏賊與費氏弧菌(發光細菌)

地點：太平洋與印度洋

關係狀態：一片光明。這種烏賊在孵化後的幾小時內就能利用周遭的海水在體內建立發光菌群。這些細菌會在烏賊的發光器（位於烏賊的身體下側）內繁衍，直到數量足以讓這隻烏賊發光。它們甚至還有類似調光器的功能，可以配合周遭光線調整明暗度。這些細菌在烏賊體內很安全，飲食無虞，過著微生物最幸福快樂的日子。

每天清晨烏賊會將體內約9成的細菌釋放回海中，然後將自己埋進沙子裡睡覺，而留存在牠體內的細菌則會在這段期間繼續繁殖。到了晚上，這批新的發光微生物大軍便等著開始發光，讓烏賊免於投射出會要了牠們小命的影子。

重點摘要：黑暗無法驅走黑暗；只有發光菌可以。

囤積者與種子

北美星鴉
與北美白皮松

地點：美國西部與加拿大西南部的高海拔針葉林

關係狀態：悲哀的互依關係。北美星鴉瘋狂愛好白皮松的松子。牠們會剝開松果挑出高蛋白質的松子儲存於嘴裡的特殊囊袋中，一次可儲存多達150顆種子，然後牠們會將種子藏起來。每隻鳥都會搜集並儲存多達9萬顆種子過冬，數量遠超過牠們所需。目前仍不清楚這些鳥如何記得自己藏種子的所有地點，但牠們的確擁有不可思議的能力，能在經過數月的降雪後找到自己藏的松子。至於多餘的種子則會繼續埋在土裡，發芽長成新的樹木。

這是經過長久演化發展出的關係：松果及松子的形狀逐漸改變，以配合這種鳥特殊的鳥喙構造。事實上，這種鳥與樹木或許互相適應得太好：因為北美星鴉只吃白皮松的松子，沒人知道在牠的瀕危主要糧食來源消失後，這種星鴉的下場會如何。

重點摘要：囤積者是好幫手。

北美星鴉：鴉科裡高智商、一夫一妻制的成員，由知名的路易斯與克拉克遠征（Lewis and Clark Expedition）隊中的威廉‧克拉克少尉（William Clark）發現並以他的名字命名，這種星鴉會用牠長而銳利的鳥喙從松果長滿尖刺的內室中挖出種子。星鴉的羽毛為灰黑色，體型與松鴉相當，大多成群飛行移動。雄星鴉會幫忙孵蛋，甚至發展出「孵蛋區塊」，也就是胸口無毛的區域，以便幫蛋保溫（在其他鴉類中只有雌鳥有這種身體部位。因此北美星鴉是模範鳥爸爸，不過這標準有點低）。

北美白皮松：這種分布於高山的樹木屬於石松族，也就是說這種樹的種子是由動物散播，而非仰賴風力或火力。松鼠和鳥類將種子散播在森林各處，以便新松木萌芽。白皮松是其所在高山地區的重要貴客，它們提供的終年遮蔭及深入土壤的根部系統有助於穩定融雪速度，進而避免洪害及乾旱。不幸的是，氣候暖化導致白皮松的生長範圍逐漸縮小，也將蟲害、疾病與火災等危害帶到白皮松的家門前。因此這些樹木遲早會絕種。

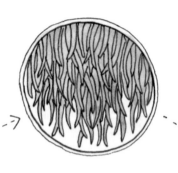

樹懶蛾：樹懶蛾是一種奇特的小生物，只生活在樹懶的毛皮中，其他地方都找不到。好吧，在樹懶的糞便裡也找得到這種蛾的蹤跡。樹懶從樹上下來時，雌蛾會從樹懶的毛皮飛出來，在樹懶留在地面上的肥沃糞便中產卵。幼蟲以糞便為食，最後長大成蛾後再度飛入樹懶的皮毛中定居。

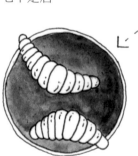

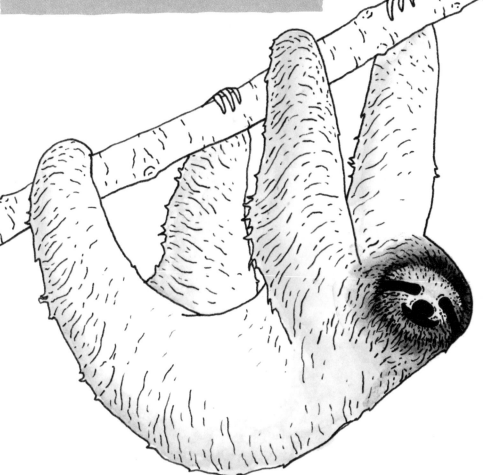

三趾樹懶、樹懶蛾及藻類

三趾樹懶：樹懶是一種奇特的動物，真的。這種滿臉笑容、有長爪子的哺乳類動物生活在樹上，毛茸茸的棕色厚重毛皮裡住滿了昆蟲、真菌、藻類和其他小生物。樹懶大多靜止不動，一天24小時裡有長達20小時不動。而樹懶行走的速度在他人眼中看來就像是慢動作，牠們一天的移動距離大約只有36公尺。

　　樹懶每週會離開安全的高枝一次前往完成危險的任務，用牠長而彎曲的爪子（平常都用來掛在枝頭或抓取樹葉，也就是牠們的主食）以超——級緩慢的速度往下爬到地面。接著牠會用尾巴挖一個小洞……然後排便。然後牠會盡快（速度還是一樣超——級緩慢）爬回樹頂安全的處所。

藻類：樹懶毛皮乾淨時呈棕色，但由於這種動物身上長了厚厚一層綠色藻類，因此往往可以融入周遭的綠葉環境之中。樹懶的毛已經演化成能保留雨水及空氣中的水分，形成某種稱得上是水耕菜園的環境，以便藻類生長。

地點：中南美洲雨林

關係狀態：緩慢、穩定……而且很臭。蛾從樹懶身上獲得的東西很明確，就是噁心（但具有保護作用的）繁衍環境與食物來源。蛾的幼蟲以樹懶的排泄物為食，成年蛾則在樹懶熱鬧的毛皮內覓食，而且食物多得吃不完。這些蛾尤其愛吃長在樹懶毛皮上的藻類，而蛾的屍體腐化後則成為藻類的肥料。身上有較多蛾的樹懶，藻類外衣也更強韌。

樹懶在地面上廁所時極為脆弱，完全無法自我防衛或迅速逃離掠食者的攻擊。由於樹懶的死亡有半數以上都是在上廁所時發生，因此對樹懶而言從樹上下來是個令人費解的決定。樹懶下樹的動機至今仍不明，也許是為了標記地盤、替自己的樹屋施肥，或是為了讓身上的蛾繼續牠們的生命循環週期。

不論樹懶下樹的原因為何，這個舉動都是有益的。科學家認為蛾賴以維生的藻類就像是樹懶的營養補充劑，可以為這種動物貧瘠的飲食內容額外補充重要的脂肪。藉由讓蛾生活在周遭，樹懶也能獲得額外有益的營養補充。

重點摘要：我會為了你冒生命危險（原因為何？沒人清楚）。

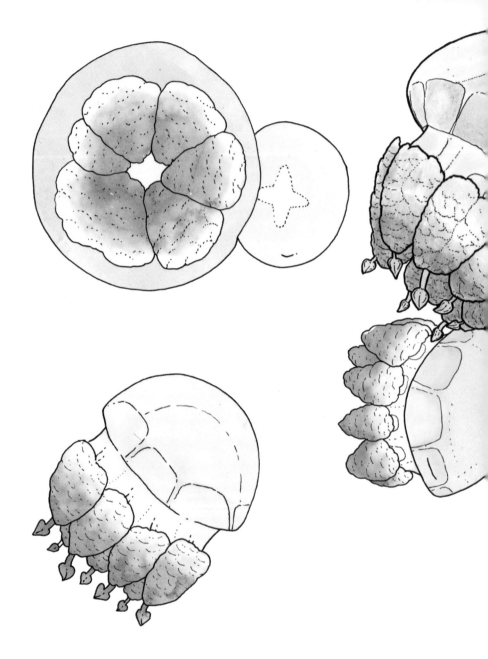

追逐日光
黃金水母與蟲黃藻

地點：密克羅尼西亞，帛琉艾爾莫克島

關係狀態：一片光明。黃金水母在海平面降低時發現自己脫離了海洋與養分，於是便將蟲黃藻吸收至組織內，演化出光合作用的能力。

也因此這種水母終日追逐陽光，在水中優雅地翻轉，以便讓陽光照射自己的背部。持續接受陽光照射可以讓藻類更輕易將光轉化為能量並讓水母得以生存。

也因此黃金水母不會螫人：多數水母都是以有毒的附肢捕捉漂浮於海水中的浮游生物或其他生物為食，但陽光卻是黃金水母唯一的糧食（只有極少數的動物能這樣），而牠們的長觸手也在演化過程中逐漸消失。

重點摘要：愛你身邊的人，因為別無選擇。

黃金水母：金黃色、體型與茶杯相當的黃金水母不會螫人，與世隔絕地生活在鹹水湖，也就是恰如其名的水母湖中。湖中有2,000萬隻黃金水母，終其一生從日出到日落都追隨著陽光。這些水母在黎明時聚集在湖的西岸，隨著太陽從地平線露臉，牠們也透過傘狀體壓縮湖水前進，逐漸往東移動。到了正午，牠們已經抵達湖的對岸，只停在水邊沒有樹蔭遮蔽的地方，以避開棲息在陰暗處的海葵，也就是牠們的主要天敵。然後這些水母又游回湖的西岸。

　　由於牠們所在的盆地僅透過冰河在石灰岩湖底形成的裂縫與海洋相連，因此水流停滯的湖底完全處於缺氧狀態。但水母攪動上層湖水會使水中充氧，並將各種生物所需的養分與氧氣散布至各處。總之，這些水母每天大約游動1公里，以一團溼軟的生物來說，實在令人佩服。

黃金水母的演化過程

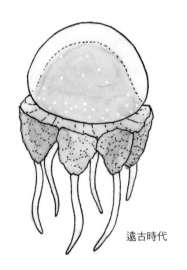

遠古時代

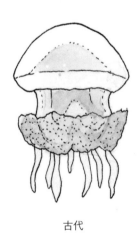

古代

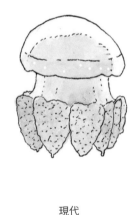

現代

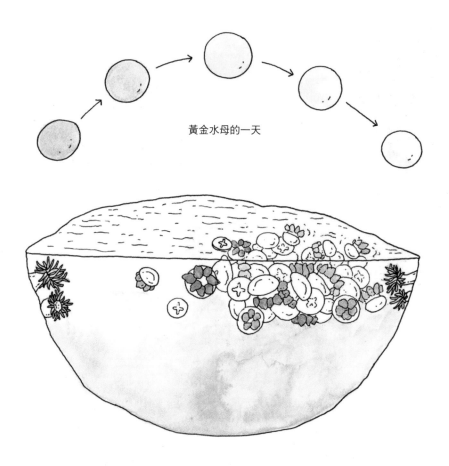

黃金水母的一天

....

蟲黃藻：蟲黃藻是一種黃褐色的微小單細胞浮游
生物，仰賴日光繁衍，在數種無脊椎海洋生物體
內共生，透過光合作用為它們的宿主提供高達9
成的能量，過程中也使得這些生物的體色變成黃
色或棕色。這些宿主則是保護這種藻類，並提供
養分、二氧化碳及日照作為回報。

生物筆記
身分盜賊

地點：東南亞及南太平洋

關係狀態：多變。許多生物都會把擬態當成一種生存策略，但擬態章魚是唯一已知能模仿這麼多種生物的動物。由於這種章魚沒有脊椎、骨頭、毒性或硬皮來保護自己，因此只能仰賴變形來模擬掠食者通常會避開的有毒海洋生物。

例如，為了模擬斑鰭簑鮋（獅子魚），這種章魚讓身上出現棕白相間的條紋，並用八隻腳模擬脊骨。為了模仿海蛇，牠會躲在洞裡只伸出兩隻有黑白帶狀紋路的腳。為了模仿比目魚，牠會將手臂併攏讓身體呈現扁平狀。模擬水母時，牠則會膨脹頭部將手臂拖在身後。這種章魚不僅會變形也很聰明：牠會辨識接近的掠食者種類，然後模仿這些掠食者可能會避開的生物。

不過擬態也不完全是為了自我防衛。這種章魚也會模擬獵物，例如改變形狀與顏色來模擬螃蟹，以便引誘其他正在覓偶的螃蟹，接著大口吃掉對方（非常恐怖的初次約會）。擬態章魚有時也會獵食同類（同樣是糟糕透頂的約會）。

重點摘要：別被騙了：在考慮是否接受對方的追求時，先確認牠不是一隻飢餓的章魚。

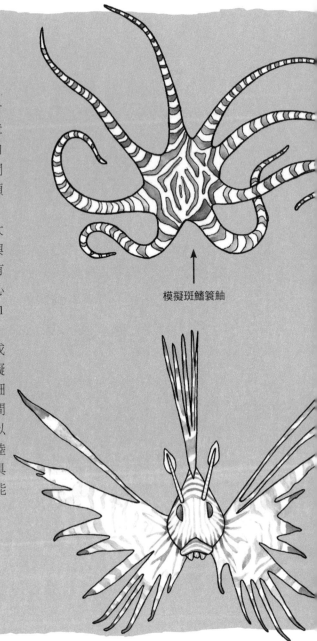

擬態章魚：1998年科學家首度在印尼沿岸發現擬態章魚，當時這種生物就在海口灣及河口的混濁海水中閒晃，悠遊在底沙上，以魚類及甲殼動物為食。

　　這種章魚體型很小，大約只有60公分，手臂直徑與鉛筆相當。擬態章魚和所有章魚一樣都有8隻腳、3顆心（即使行逕殘酷無情）和1個用於噴射推進的虹管。

　　但與其他多數淺棕色或米白色的章魚不同的是，擬態章魚可以運用名為色素細胞的特化色素囊，在一瞬間改變顏色與型態。牠也可以改變體形。牠們其實是海陸兩界最厲害的模仿高手，具有高度智慧和絕佳的適應能力。

模擬斑鰭簑鮋

模擬比目魚

其他東西：斑鰭鼜鮋、比目魚、條紋珊瑚、海蛇、海綿、鰈魚、海星、水母、有毒鰈魚、表面長滿藻類的岩石，凡是你想得到的東西，擬態章魚大概都能模仿。

模擬魟魚

一起挖隧道
槍蝦與蝦虎

地點：印度－太平洋海域

關係狀態：互相照顧。槍蝦雖然有具威脅性的超級大螯，但近乎全盲的牠們只要一離開安全的洞穴就對攻擊毫無招架之力。於是蝦虎便成為牠們的保鑣，會在隧道入口站崗，保持警戒。同時間，槍蝦在隧道內則扮演管家與包商的角色，用蝦螯或後腳挖洞，以建造、重建與維修洞穴。

槍蝦出了洞穴會用一根觸鬚抵著蝦虎的尾鰭，藉此與蝦虎保持密切聯繫，蝦虎會根據危險程度改變尾鰭擺動的頻率。如果蝦虎衝回隧道內，槍蝦就知道必須立刻跟隨牠的監護人。

蝦虎也會挖洞，但相較於槍蝦的建築傑作，牠們的作品顯得簡陋。因此蝦虎替槍蝦導盲以換取堅固的住所。槍蝦與蝦虎（有時是各一隻，有時則是數隻）一起在隧道內過著幸福快樂的生活。蝦虎甚至還會在隧道內交配。等到夜晚降臨，槍蝦就會封住隧道口，大家一起安穩地睡在隧道內。

重點摘要：導盲蝦虎是槍蝦最好的朋友。

蝦虎：這種身上有條紋或顏色鮮豔的小魚有時身長還不到2.5公分，牠們喜歡棲息在海洋洞穴的沙子裡。蝦虎會在洞穴入口堆沙丘，讓海水流過沙丘替牠們的魚卵帶來氧氣。

音爆

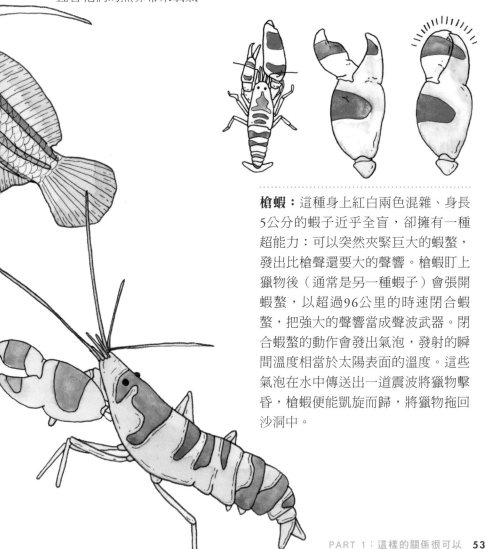

槍蝦：這種身上紅白兩色混雜、身長5公分的蝦子近乎全盲，卻擁有一種超能力：可以突然夾緊巨大的蝦螯，發出比槍聲還要大的聲響。槍蝦盯上獵物後（通常是另一種蝦子）會張開蝦螯，以超過96公里的時速閉合蝦螯，把強大的聲響當成聲波武器。閉合蝦螯的動作會發出氣泡，發射的瞬間溫度相當於太陽表面的溫度。這些氣泡在水中傳送出一道震波將獵物擊昏，槍蝦便能凱旋而歸，將獵物拖回沙洞中。

細螯蟹： 這種迷你甲殼類動物（最大約2.5公分寬）纖細的腳上有紫色紋路，甲殼上有粉紅色、棕色和白色多邊形的拼貼裝飾，常出沒於岩石下方的淺海域及珊瑚四周的碎石平地。這種螃蟹又名拳擊蟹、彩球蟹或啦啦隊蟹，牠身上的殼比多數甲殼類同胞薄弱，而且由於牠的螯起不了作用，因此只能靠恫嚇敵人來自我防衛。

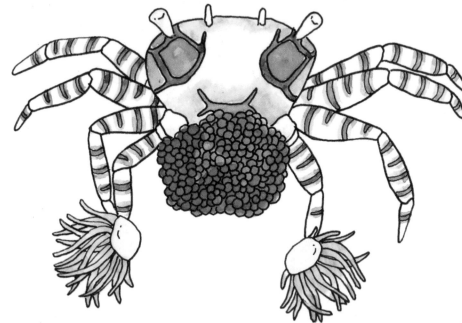

海葵： 這些海葵比小丑魚居住的海葵小得多，已經演化為適合依附在活生物上的大小（多數海葵都是永久攀附在岩石或海床上）。牠們也會分泌一種麻痺性的神經毒素來螫魚或其他經過的生物，這對背著牠們的生物，也就是細螯蟹而言，是很有利的資產。

　　有趣的事實：海葵的嘴巴也是牠的肛門。

海中啦啦隊
細螯蟹與海葵

地點：印度洋

關係狀態：被動攻擊。細螯蟹雙螯揮舞著小海葵（共有3種），彷彿在舞動彩球，也像是戴著拳擊手套，似乎隨時準備好關心某項運動賽事。但這個舉動並不是為了裝可愛或幫人加油，而是對潛在掠食者揮舞附有海葵的蟹螯，讓自己看起來更巨大強悍。必要時牠們也會發動毒針攻擊（有時熱情也可能致命）。

　　由於海葵的足部吸住螃蟹特殊演化出的蟹螯平坦部位，因此螯人的部位會背對著螃蟹以免誤螯。這些海葵也能獲得附加的好處：螃蟹會帶著牠們找到新的食物，並給牠們漂浮的剩菜。但螃蟹從中獲得的好處還是比較大。

　　這些螃蟹沒了彩球就毫無防衛能力：牠們脫殼時會放下海葵伴侶，但一結束或甚至連新殼都還來不及變硬，便馬上撿起海葵。如果牠們只剩下一個彩球，就會把這個海葵撕成兩半，以便雙螯都能各拿一個。如果沒有海葵，細螯蟹有時也會用海綿或珊瑚來代替，以便揮向敵方。

重點摘要：熱情會致命。

魚是我的副駕駛

遠洋白鰭鯊與領航魚

地點：深海，主要在較溫暖的水域

關係狀態：牠們喜歡待在一起。鯊魚的身邊常有一小群領航魚，看起來幾乎就像在為鯊魚導引或領航。在鯊魚吃飽後，漂散在四周的小肉屑及其他碎屑就成為領航魚的大餐，牠們也把鯊魚當成行動保全。

為了回報鯊魚給予的保護與食物，領航魚會幫忙吃掉鯊魚皮膚上的寄生蟲及碎屑，讓鯊魚免於感染與生病。牠們甚至會游進鯊魚嘴裡幫忙清潔。這種清潔關係是共生的基本原理之一，所以書中會不時提到類似的例子。領航魚會與自己的鯊魚建立深厚的感情，而且往往會表現出占有慾，將其他有意加入牠們團體的魚趕走。

重點摘要：牠們不但照看彼此的背，也照顧魚鰭和牙齒。

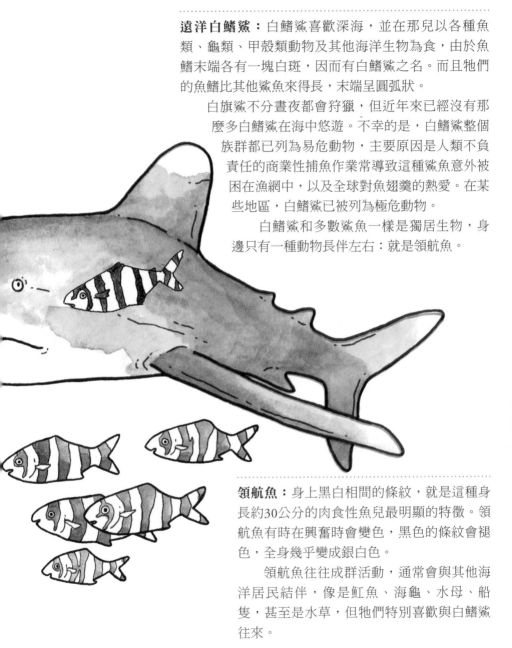

遠洋白鰭鯊：白鰭鯊喜歡深海，並在那兒以各種魚類、龜類、甲殼類動物及其他海洋生物為食，由於魚鰭末端各有一塊白斑，因而有白鰭鯊之名。而且牠們的魚鰭比其他鯊魚來得長，末端呈圓弧狀。

白鰭鯊不分晝夜都會狩獵，但近年來已經沒有那麼多白鰭鯊在海中悠遊。不幸的是，白鰭鯊整個族群都已列為易危動物，主要原因是人類不負責任的商業性捕魚作業常導致這種鯊魚意外被困在漁網中，以及全球對魚翅羹的熱愛。在某些地區，白鰭鯊已被列為極危動物。

白鰭鯊和多數鯊魚一樣是獨居生物，身邊只有一種動物長伴左右：就是領航魚。

領航魚：身上黑白相間的條紋，就是這種身長約30公分的肉食性魚兒最明顯的特徵。領航魚有時在興奮時會變色，黑色的條紋會褪色，全身幾乎變成銀白色。

領航魚往往成群活動，通常會與其他海洋居民結伴，像是魟魚、海龜、水母、船隻，甚至是水草，但牠們特別喜歡與白鰭鯊往來。

真實螞蟻牧場
螞蟻與蚜蟲

地點：到處都有

關係狀態：擠奶。蚜蟲一直有「螞蟻的乳牛」之稱。蚜蟲會吸取樹汁，從植物的維管束系統吸收養分，再排出多餘的糖分，成為一種稱為蜜露的甜物質。螞蟻愛吃蜜露，因此會替蚜蟲擠奶（是真的）。

首先螞蟻的足部會散發出化學物質讓蚜蟲與牠們合作（如果蚜蟲不肯合作，螞蟻就會咬掉牠們的翅膀以免牠們飛出欄舍）。接著螞蟻會用觸鬚輕撫蚜蟲的腹部，讓蚜蟲的背部分泌出一小滴蜜露，然後將蜜露採集回窩裡或自行享用。螞蟻甚至會訓練牠們的蚜蟲牧群，讓牠們配合需求分泌蜜露。

蚜蟲的確也能獲得一點回報，就是保護。螞蟻會在牠們的地底巢穴為蚜蟲和蚜蟲卵提供庇護，攻擊昆蟲掠食者，將受到感染的蚜蟲運走以避免大規模傳染，甚至會帶領蚜蟲到最成熟的食物旁覓食。但這是一種操控手法，可以讓蚜蟲留在牠們身邊生產更多的蜜露。蟻后要離開舊巢準備另闢新巢時，通常也會帶走幾隻小蚜蟲，以確保有自己的牧群。

重點摘要：哞。

螞蟻：凡是有廚房的人都知道，很難不看到螞蟻甚至更難避開螞蟻：據估計目前除了南極洲與少數無人島外，地球上已分類的螞蟻多達22,000種。螞蟻大多成群生活，在一隻或多隻有翅膀的多產蟻后統治下，由數以百萬計的無翅不孕工蟻或兵蟻維持整個蟻群的運作。這些蟻群通常被稱為「超個體」，每個個體的情報有限，但整個複合體系卻能完美無瑕地運作。螞蟻團隊幾乎無所不能：牠們可以建造、挖掘、溝通、解決複雜問題、打仗，還懂得畜牧。

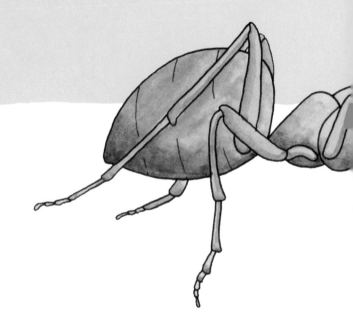

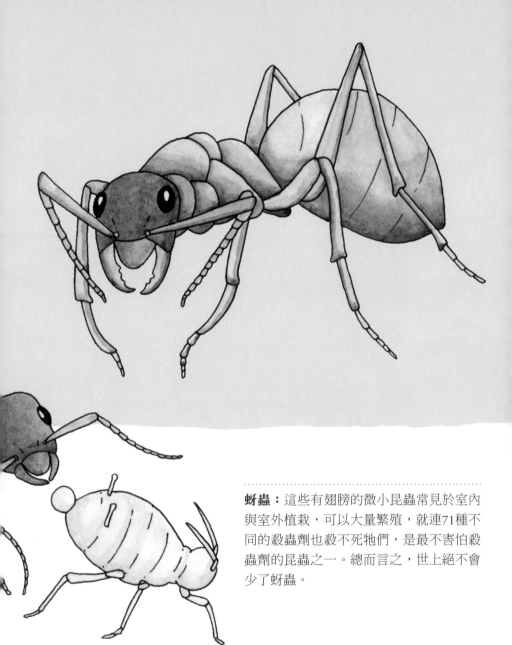

蚜蟲：這些有翅膀的微小昆蟲常見於室內與室外植栽，可以大量繁殖，就連71種不同的殺蟲劑也殺不死牠們，是最不害怕殺蟲劑的昆蟲之一。總而言之，世上絕不會少了蚜蟲。

Part 2

這樣的關係
有點謎

片利共生關係雖然不像互利共生一般甜蜜，但也還算正面。總之，在這場交易中沒有一方會真的受到傷害。

「片利共生」一詞是指「分食或共餐」。但實際情況很少是各方都獲得公平對等的待遇，而比較像是「拿去吧，這具屍骸我吃夠了，剩下的給你，我已經飽了。」

所謂的利益（通常是兩種生物中體型較小的一方受惠），也可能是換得住所、保護或搭便車等形式。體型大的一方可以照顧好自己，但也不介意偶爾幫助一下小傢伙。

跟狼角色當鄰居

黃腰酋長鳥
與波利比亞毒蜂

地點：中南美洲

關係狀態：敵人的敵人就是我的朋友。黃腰酋長鳥雖然聒噪，但並非無可救藥的笨蛋。為了保護自己不受掠奪者侵擾，牠們通常會在波利比亞毒蜂及其他蜂窩附近築巢，距離往往不到1公尺。這些蜂會攻擊並驅逐接近的掠食者，但牠們似乎不太會去打擾酋長鳥，不過沒人清楚原因。

黃蜂的存在似乎也保護酋長鳥不受馬蠅騷擾（馬蠅這種邪惡的寄生蟲會以雛鳥的肉為食），將馬蠅感染率降至近乎零。

但沒人清楚黃蜂在這個關係中能獲得什麼好處。

重點摘要：凶猛的黃蜂是好鄰居。

黃腰酋長鳥：這種纖瘦、聒噪的熱帶鳥類有長尾巴、藍眼睛和尖鳥喙，全身黑羽，只有臀部和雙翼的「肩頭」是黃色。這種群居且吵鬧的生物（雄鳥的鳴唱聲結合了各種響亮叫聲，包括咯咯叫、笛音叫聲、氣喘鴉叫聲，以及偶爾模仿的叫聲）會大量群聚，遠在森林的另一頭都能聽到牠們的吵鬧聲。

黃腰酋長鳥住在密集擁擠的集體鳥巢內，以避開蛇類、哺乳類動物（主要是靈長類動物），以及可能衝過來偷吃鳥蛋（或雛鳥或酋長鳥本身）的大型鳥類，例如大嘴鳥。一株大樹上有時會聚集多達上百個鳥巢，這些袋狀鳥巢宛如蘇斯博士筆下的產物，一個個垂吊在樹枝末端，鳥巢上還掛著一些植物。

在祕魯的民間傳說中，酋長鳥原本是個穿黑褲與黃外套、喜歡造謠生事的男孩，也就是*paucarcillo*，由於他亂說話得罪了某位仙子，因此被變成一隻聒噪的鳥。

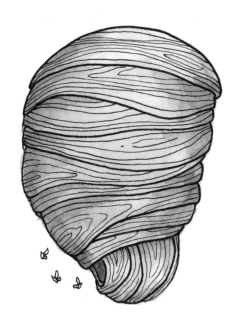

波利比亞毒蜂：這些黃蜂是攻擊性強的飛天惡霸，與一隻體型龐大的蜂后一起生活在以木漿、樹脂、泥巴和黃蜂唾液築成的大型「紙」蜂巢內。牠們通常在水邊築巢，尤其愛吃紅眼樹蛙的卵。

　　這個物種的學名*rejecta*正好說明了牠們善於拒絕（reject）的天性，因為凡是出現在蜂巢方圓4.5公尺內的生物幾乎都會受到牠們排拒（和攻擊），只要一點點的挑釁（光是接近蜂巢就綽綽有餘）就會換來痛不欲生的蜂螫。

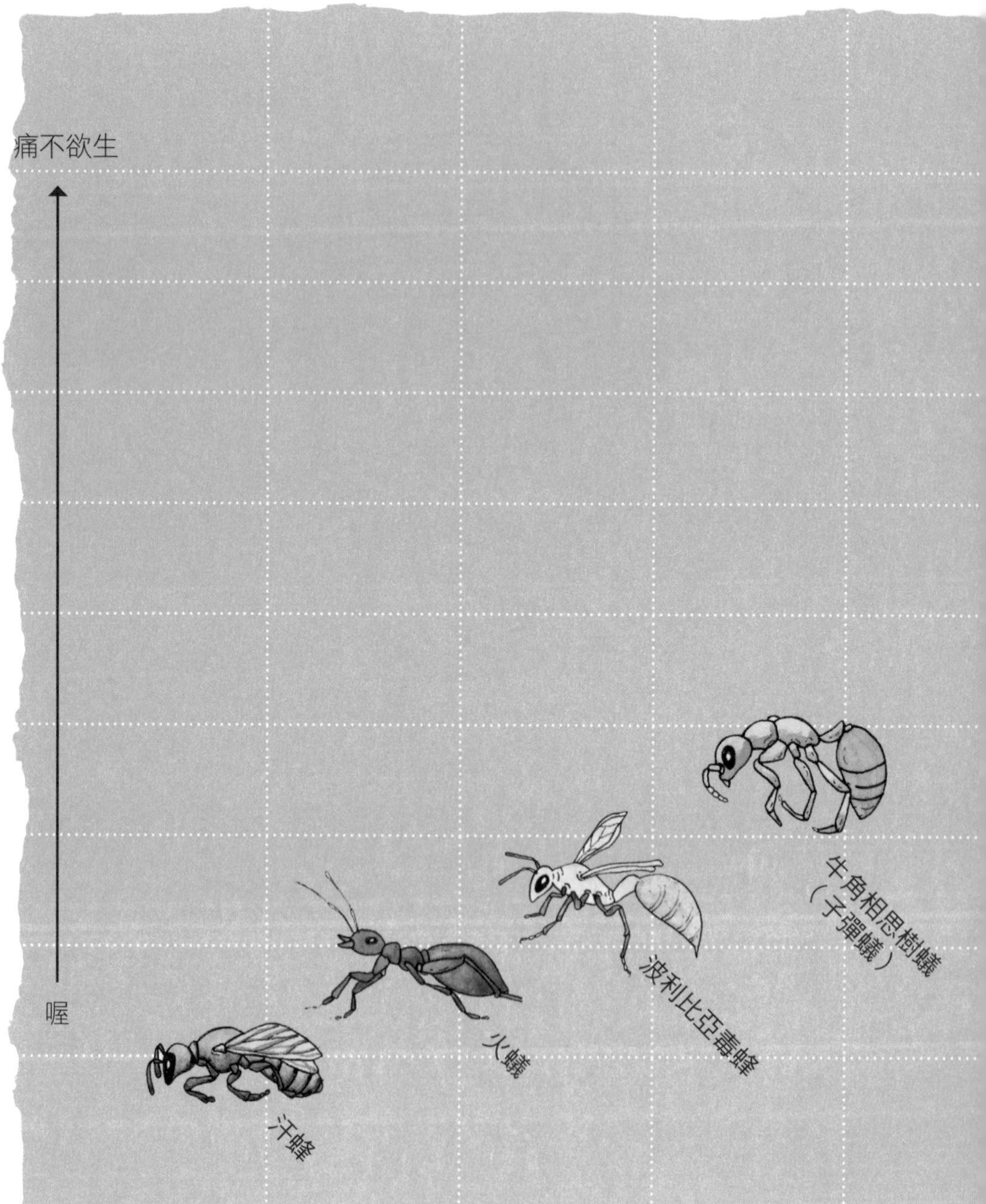
痛不欲生
喔
汗蜂
火蟻
波利比亞毒蜂
牛角相思樹蟻
（子彈蟻）

沙漠蛛蜂

紅收穫蟻

蜜蜂

黃蜂

禿面黃蜂

生物筆記

疼痛程度

從「喔」到「痛不欲生」*

*根據美國昆蟲學家施密特（Justin Orvel Schmidt）的螫咬疼痛
指數（Sting Pain Index）。

粗魯的騙子

藍帶裂唇魚
與偽清潔魚

地點：印度洋與太平洋珊瑚礁

關係狀態：冒名頂替。偽清潔魚會模仿裂唇魚，以身上類似裂唇魚的條紋和舞姿吸引顧客上門清潔身體。但這種魚並不是清潔癖而是詐欺犯。等到有魚受騙前來，這個騙子就會剝下這隻毫無戒心的受害者的魚鱗或魚皮。偽清潔魚藉由這種方式獲取約20%所需的熱量（其餘則來自魚卵和管蟲）。

　　目前仍不清楚偽清潔魚為何要如此大費周章地演化，只為了滿足自己一小部分的營養需求。這個詐騙手法最大的好處或許在於牠們無需擔心自身安危。只要讓這些較大型的魚誤以為自己即將被打理得清潔溜溜，就可以避免自己被吃掉。通常是年輕天真的魚才會上當。

重點摘要：別相信任何人。

裂唇魚還是偽清潔魚？

裂唇魚還是
偽清潔魚？

裂唇魚還是
偽清潔魚？

裂唇魚還是偽清潔魚？

裂唇魚還是偽清潔魚？

裂唇魚還是偽
清潔魚？

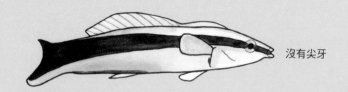

沒有尖牙

藍帶裂唇魚：這種流線型的小魚身上沒有明顯魚鱗，卻有一大條黑色帶紋橫貫牠們約10公分長的銀藍色身軀。牠幾乎餐餐都是在其他較大型的魚的背上或嘴裡覓食，靠著扭動身軀吸引魚兒光臨牠的清潔站。

裂唇魚成群生活，每個魚群中有一隻掌權的雄魚和其他體型較小的雌魚後宮。如果這隻雄魚死亡，後宮裡的其中一隻雌魚就會變性長大以便接掌大位。但藍帶裂唇魚最不尋常之處可能並非牠的家庭結構，而是牠的幽靈分身。

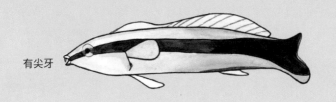

有尖牙

偽清潔魚：偽清潔魚屬於䲁科，也就是小型的無鱗海魚。這種魚和藍帶裂唇魚一樣，也有一大條黑色帶紋橫貫牠們10公分長的銀藍色身軀，也會扭動身體吸引髒兮兮的魚兒前來牠的清潔站。然而與牠的分身不同的是，這種䲁魚滿嘴都是大尖牙。

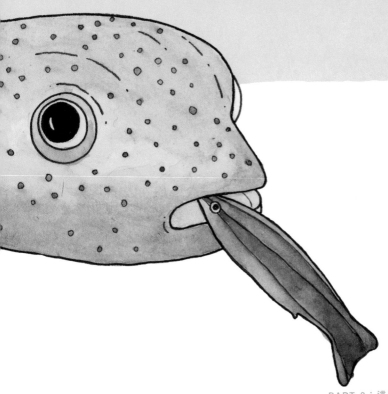

紅蟹蜘蛛：紅蟹蜘蛛看起來，呃，就像隻紅蟹，會向兩側或後方迅速移動，以大鉗子一般的前腳抓住獵物。雖然這種蟹蛛也像其他蜘蛛一樣會吐絲，但並不會織網。牠們比較喜歡突擊：獵捕獵物而非設陷阱捕捉。

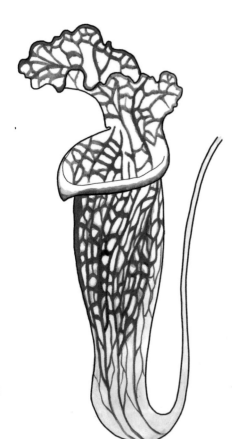

豬籠草：這種肉食性植物生長在欠缺礦物質或酸性的土壤中，也就是一般光合作用植物無法生存的環境。豬籠草並非從根部吸收養分，而是會引誘毫無戒心的昆蟲獵物。這種植物的形狀宛如一個水壺，有杯狀葉片和滑溜的杯緣。昆蟲停在杯緣想取花蜜時，就會順著弧形葉片跌入底部滿是消化液的井裡或「陷阱」內。這隻昆蟲會被淹死，然後身體逐漸被消化分解。

食客

豬籠草與紅蟹蜘蛛

地點：東南亞、印度、馬達加斯加與澳洲

關係狀態：揩油食客。紅蟹蜘蛛把豬籠草當家，利用蛛絲讓自己懸掛在葉片內壁。等到有昆蟲失足淹死在豬籠草的消化液裡，這種蜘蛛就會垂降，將溺死的昆蟲從液體中打撈出來，吸乾內臟後再將屍骸還給植物消化。

如果昆蟲沉入消化液池深處導致打撈不易，紅蟹蜘蛛便會施展忍術：藉著一根蛛絲安全地掛在更高的植物上，在口腔周圍織出一個氣泡當成深海潛水頭盔，讓自己可以暫時沒入池中不被溺斃。

豬籠草在這種關係中並沒有得到好處，但蜘蛛卻享盡利益：牠不必去追蹤目標，只要抓緊和等待即可。由於昆蟲已先溺斃，因此蜘蛛可以享用體型遠大於自己能捕捉到的獵物，感覺就像等著72盎司的牛排從天而降。

重點摘要：吊根蛛絲在肉食性植物邊守株待兔，自然就有油水可撈。

有爭議的友誼

犀牛與牛椋鳥

地點：非洲中南部

關係狀態：虛偽。多年來，我們人類一直以為犀牛和牛椋鳥是最佳拍檔。我們羨慕牠們感情深厚、互相信賴。牛椋鳥停在犀牛背上幫忙啄食耳屎和小蟲，而犀牛則是無限提供體外寄生蟲大餐。但近來有證據顯示，這種互利關係根本沒有那麼美好。

沒錯，牛椋鳥的確會幫犀牛去除牠自己抓不到的寄生蟲，但在享用大餐之際往往也會再度揭開寄生蟲造成的傷口，導致犀牛容易受到感染。有時牛椋鳥甚至會直接飲用犀牛的鮮血（沒騙你）。牛椋鳥可能自以為在幫犀牛的忙，但牠們最後的舉動往往也像寄生蟲。

不過牛椋鳥的確為彼此的友誼帶來一個好處，或許能挽回牠們的友情：牛椋鳥一旦發現危險就會飛起來發出尖叫，視力不佳的犀牛就能有所警覺。

重點摘要：小心吸血朋友。

牛椋鳥：吃蟲的牛椋鳥個性活潑又有心機，有棕色羽毛和鮮紅或鮮黃色的寬鳥喙。黃鳥喙的牛椋鳥會棲息在犀牛（及牛等其他短毛大型哺乳類動物）背上，啄食這些動物背上和耳朵裡的蝨子和馬蠅蛆蟲。牠們又名蝨子鳥，原因已無需說明。這些鳥是一夫一妻制，但如果配偶死亡會另尋配偶。牠們在樹洞中築巢，用從宿主身上拔來的毛髮鋪在鳥巢內。牛椋鳥曾經一度瀕臨絕種，但如今情況已經好轉。

犀牛：大型有角草食性動物，個性完全不像外表一樣強悍。野生犀牛已被列為極危動物，某些種類的犀牛因為有著顯眼的犀牛角，已經被獵捕殆盡。犀牛的視力很差，主要仰賴嗅覺和聽覺來偵測危險。雖然犀牛皮又厚又硬宛如一身裝甲，卻極易曬傷、遭受昆蟲叮咬和割傷。為了保護皮膚不被曬傷，犀牛會定期洗泥巴浴，讓乾掉的泥巴在皮膚上形成保護層。

雄鮟鱇魚：雄鮟鱇魚與配偶截然不同，體型嬌小，也沒有可用於捕食獵物的發光釣竿。事實上，他們幾乎餵不飽自己也很難自力更生，只能在深海四處游動直到找到配偶；許多雄鮟鱇魚甚至來不及找到配偶便死亡。他們唯一的優點就是嗅覺敏銳，可以利用這個能力在寬廣的海裡尋找雌鮟鱇魚。一旦找到配偶就從此過著幸福快樂的日子。好吧，其實也不盡然……

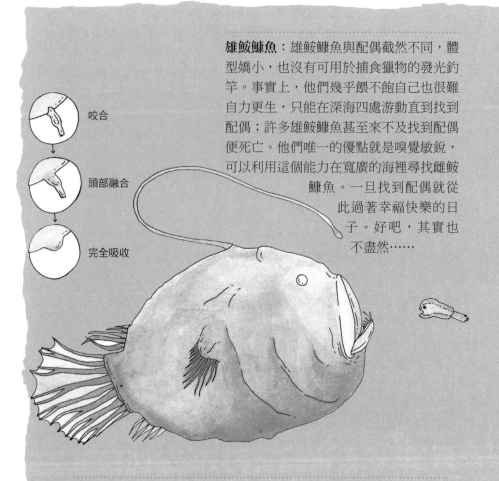

咬合

頭部融合

完全吸收

雌鮟鱇魚：透明、多肉宛如一顆球，有巨大的頭部、透明的長牙和一張大嘴，看起來十分嚇人。她們的嘴巴和胃部都很有彈性，可以吞下比自己大一倍的獵物。鮟鱇魚的英文名字Anglerfish（angler意為垂吊者），是源於從她們額頭上那根由前背鰭特化而成的釣竿，上頭滿是發光菌，可以當作發光誘餌吸引獵物。這種魚的下巴也有發光觸鬚。

生物筆記

鮟鱇魚的
寄生式交配

地點：黑暗的深海

關係狀態：依附在臀部或應該說是腹部。雄魚一遇到雌魚便立刻緊咬住對方的身體下方，笨拙地表達愛意。雌魚接著會釋出一種酵素，開始溶解雄魚嘴部四周的魚肉。雄魚持續融入雌魚體內，一開始是身體外部，接著是內臟，直到最後共用一個血液循環系統。很快他就成為黏在她身側的一個小突起物、一個大型生殖腺，唯一的功用就是製造精子讓她的卵受精。

彷彿全身融化只剩下一對睪丸黏在另一隻魚身上還不夠糟，這個可憐的傢伙甚至還不是她的唯一。雌鮟鱇魚一生中最多可以和8隻雄魚交配，他們全都會成為她身體的一部分，直到她死亡為止。

重點摘要：為了和妳在一起，我願意放棄全世界，融化自己（所有的內臟）進入妳體內。

藍鯨

小露脊鯨

南露脊鯨

長鬚鯨

塞鯨

座頭鯨

背鰭鯨

弓頭鯨

長長久久的寄居
鬚鯨與藤壺

地點：各大洋

關係狀態：難分難離。藤壺幼蟲最初在海中自由漂浮，通常也是鯨魚繁衍後代的溫暖水域。藤壺幼蟲一旦遇到鯨魚就會爬到對方身上，分泌出類似水泥的物質將自己牢牢固定。然後你看，這樣牠們就找到一個永久的行動住家了！這些藤壺快樂地黏在鯨魚的皮膚上，在鯨魚游動時用自己的羽狀小腳（蔓足）收集浮游生物，並且從流經的海水中獲得氧氣與養分。

對某些鯨魚來說，藤壺堅硬、鱗片狀的外殼變成了一套裝甲，可以保護牠們抵禦凶惡的掠食者，例如外出覓食的殺人鯨。某些種類的鬚鯨可以加速逃離這些殺人鯨，但其他種類的鯨魚，包括座頭鯨、露脊鯨、弓頭鯨和灰鯨等由於動作太慢逃不掉，可能必須正面迎戰。因此這套藤壺裝甲或許正好能救牠們一命。但藤壺裝甲也很沉重。鯨魚身上承載的這些小型甲殼動物，總重量可能高達450公斤，感覺就像穿著永遠脫不掉的石頭衫。

有趣的一點是，科學家透過研究冰河時期的藤壺化石來了解鯨魚的遷徙路線。追蹤藤壺就等於追蹤鯨魚。

重點摘要：黏你一輩子。

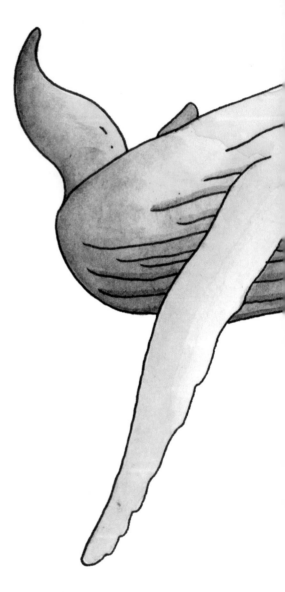

鬚鯨：鬚鯨是鯨魚的亞目，包含露脊鯨、小露脊鯨、灰鯨和鬚鯨科家族，這些鯨魚都沒有牙齒，而是上顎有一片片類似篩子的堅硬鯨鬚板，能篩濾磷蝦、浮游生物和小魚。牠們的體型也很龐大：藍鯨也屬於鬚鯨，體重高達190噸，是地球上體型最大的生物。牠們性喜漫遊而多話，在全球各大洋遷徙，透過歌唱相互溝通。

鯨魚之歌是人類語言之外最複雜的溝通形式之一；據觀察，鯨魚會隨季節改變音樂喜好，就像一首首短暫流行的流行歌曲。牠們從海水中篩濾食物，浮上海面呼吸，以厚厚一層鯨脂保暖。

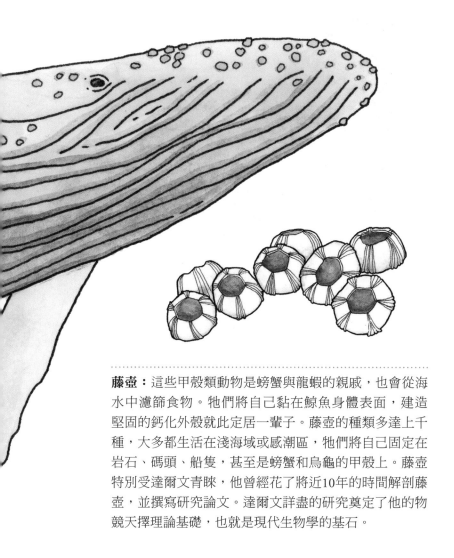

藤壺：這些甲殼類動物是螃蟹與龍蝦的親戚，也會從海水中濾篩食物。牠們將自己黏在鯨魚身體表面，建造堅固的鈣化外殼就此定居一輩子。藤壺的種類多達上千種，大多都生活在淺海域或感潮區，牠們將自己固定在岩石、碼頭、船隻，甚至是螃蟹和烏龜的甲殼上。藤壺特別受達爾文青睞，他曾經花了將近10年的時間解剖藤壺，並撰寫研究論文。達爾文詳盡的研究奠定了他的物競天擇理論基礎，也就是現代生物學的基石。

毫無品味的模仿者

帝王蝶與副王蝶

地點：北美洲

關係狀態：同色搭配。不論是哪一種蝴蝶從你身邊飛過，你可能都很難分辨：這兩種蝴蝶翅膀上的橘色與黑色花紋幾乎完全相同，但副王蝶的體型較小，飛行的路線較為飄忽不定，而且兩邊後翅各多了一條黑紋。

這兩個物種的差別在於牠們的行為。帝王蝶每年會從美國北部及加拿大一路往南遷徙到墨西哥，在乳草屬植物上產卵後再度上路飛回北方。乳草對多數動物而言都有毒性，但帝王蝶不受影響，牠們反而愛死它了。帝王蝶的幼蟲吃下大量乳草後，不到一個月體型就會長成出生時的2,700倍大，而且即使變態成蝴蝶許久後，體內依舊殘留著乳草的毒性，可以嚇跑掠食者（主要是鳥類和黃蜂）。

副王蝶則是停留在固定地點，棲息範圍從加拿大中部延伸至墨西哥北部，但牠們的幼蟲並不吃乳草，而是吃柳樹、楊木和白楊。

多年來鱗翅類昆蟲學家認為副王蝶的生理特徵與帝王蝶相似，是典型的貝氏擬態（Batesian mimicry）實例，也就是無害的物種演化出與有毒或難吃物種類似的特徵，以便讓掠食者誤以為這些無害的模仿者也很危險。

　　科學家認為副王蝶利用與帝王蝶相似的外表來欺騙掠食者，讓牠們遠離自己。但事實上，副王蝶所吃的樹木含水楊酸，這種物質也會讓掠食者反胃，於是科學家現在認為對掠食者而言，副王蝶甚至比帝王蝶還難吃。因此這兩個蝴蝶物種很可能是互相模仿。這就是所謂的穆氏擬態（Müllerian mimicry），也就是兩個有毒的物種發現演化出相似的外表對生存更有利。

重點摘要：（味道差的朋友的）模仿是最真誠的奉承。

帝王蝶：身上有橘色及黑色花紋的蝴蝶，飛行路線穿過美國中心地帶，對許多掠食者而言具有毒性且味道苦澀。

副王蝶：身上有橘色及黑色花紋的蝴蝶，飛行路線穿過美國中心地帶，對許多掠食者而言具有毒性且味道苦澀。

噁

穆氏擬態：不同物種的難吃或有毒動物演化出極為相似的外表，以降低整體遭到掠食的機率。如果有多個物種參與，就會形成一種擬態群。

虎紋擬態群

噁

噁

生物筆記

擬態

天生詐欺犯

貝氏擬態：某個美味且無毒的物種演化出與某個難吃且有毒的物種相似的外表，以避開或欺騙掠食者。

東方珊瑚蛇（有毒）

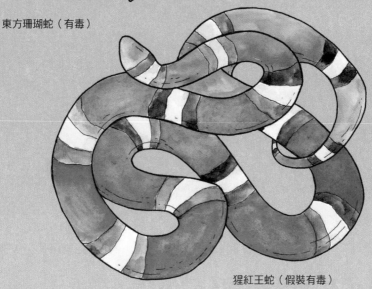

猩紅王蛇（假裝有毒）

Part 3

這樣的關係
不太妙

本篇所舉的例子含括掠食與寄生關係。

掠食是一個物種即時獵殺並攝食其他物種的現象，是生物間常見的互動關係。不管這個物種吃下肚子的是植物或動物，都算是一種掠食行為。

寄生則是一筆糟糕透頂的交易。在這種關係中，處於不利的一方往往真的會失去些什麼：倒楣的宿主會失去血液、精力及生命（不過對寄生生物而言，最好盡可能延長宿主的壽命，以便自己持續受惠）。

自然界裡有各式各樣的寄生生物，包括植物、動物和真菌。寄生形式也很多元：有體外寄生，也就是生活在其他生物的皮膚或毛髮中；體內寄生，也就是生活在被害者的體內；盜食寄生，也就是偷竊食物；和社會性寄生，也就是欺騙或偷竊其他物種，或甚至同物種中地位較低的個體。

不懂拿捏人我分際
隱魚與海參

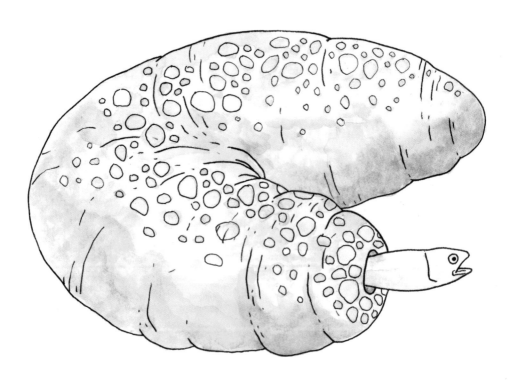

地點：深海

關係狀態：詭異至極。某些種類的隱魚會棲息在你意想不到的地方，就是海參的肛門！這種長約15公分的隱魚受到海參「呼吸」時吸入與吐出的海水流動吸引，趁著海參泄殖腔張開時以尾巴先入的方式倒著鑽入。如此一來，牠還是能看到外頭海洋世界的動靜。隱魚就這樣安全地躲在那裡直到夜晚降臨。

但有時隱魚並不安分，會偷吃海參的內臟，尤其是海參的生殖腺。此時海參就會採取一種很炫的禦敵策略：將隱魚與自己的內臟一起排出，因為海參的內臟可以再生。

有些海參對於這些白吃白喝的魚類採取零容忍態度。這些幸運的物種演化出肛門牙齒的特徵，是警告外人絕對不要觸碰牠們私人孔洞的絕佳方式。

重點摘要：小心神祕詭譎的行動。

海參：這些奇特的無脊椎動物身型有如細長的黃瓜，身體柔軟，屬於棘皮動物門一員，是海星和海膽的親戚。牠們就像海中的蚯蚓，可以分解和回收利用從藻類到魚糞等各種海中粒子，為細菌製造養分並以此為食。海參會從嘴巴吸入海水，再從肛門或肛門中的泄殖腔排出，並在過程中收集這些食物微粒。牠們利用細小如觸手的足部在海床上移動及覓食。多數海參的體長都不到30公分，但最大型的海參可以長到約3公尺長。

　　某些海參在受到威脅時會噴出自己的內臟以求自保。沒錯，牠們會自我清除內臟，從肛門排出腸子。看到這種情景，想必只有非常急迫的掠食者才願意留下。

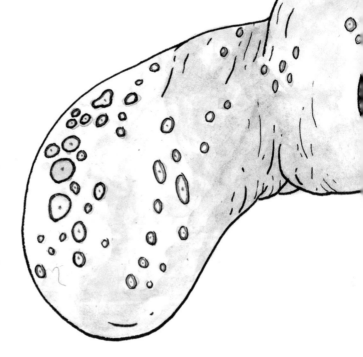

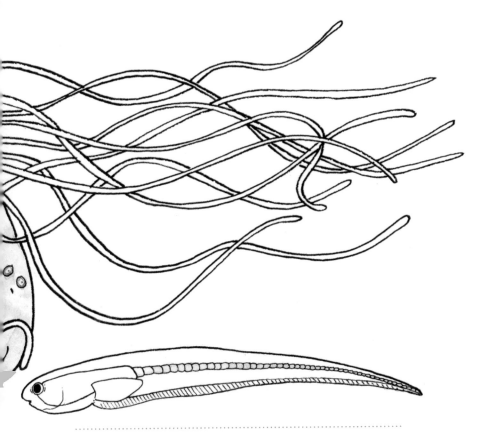

隱魚： 這種熱帶魚身體細長透明，體型宛如鰻魚，身上沒有鱗片，會利用自己滑溜的身體住在其他魚類都到不了的地方──其他海洋生物的體內或體腔內。這種魚的名字源自人類初次發現牠的地點與狀態：隱藏在牡蠣殼內，已經死亡並變成珍珠。隱魚白天時會躲在牠們選擇的孔洞內，晚上才出來覓食。

一場演化軍備競賽

粗皮漬螈
與束帶蛇

地點：北美洲西部

關係狀態：有毒。束帶蛇才不會因為一點毒素（或很多毒素）就放棄享用漬螈。因此束帶蛇（牠們本身也會在唾液中分泌毒液，只不過毒性溫和得多）與漬螈便陷入了一場永久的演化軍備競賽。這些蛇對毒素發展出抗性，而相應之下，漬螈又進化為分泌濃度更高的毒素。

　　某些粗皮漬螈如今分泌的毒素，確實足以殺死數千隻小鼠或20個成人，但這樣的毒素還不夠。束帶蛇依舊會將牠們一口吞下，而漬螈的皮膚腺體已經無法再容納更多的毒素。至少目前還不行。

重點摘要：至死（毒素過量而死）方休。

束帶蛇：這種無害（總之對人類無
害）的中型蛇在北美洲各種不同棲地
繁衍，常見於水邊。母束帶蛇會釋出費
洛蒙，也就是一種氣味化學物質，吸引大
量公蛇圍繞著母蛇形成一個扭動的巨大蛇
球。某些狡詐的公蛇也會散發雌性費洛蒙以
便引開其他公蛇，然後趁著競爭對手全跑掉時
衝到母蛇身邊。

　　凡是會動而且喉嚨吞得下的生物，束帶蛇都
吃（牠會把獵物整個吞下），包括蟲子、小型齧
齒類動物、鳥類、魚類、水蛭、蛞蝓、蟋蟀、鯉
科小魚和螞蟻等。但牠尤其喜歡吃兩棲類動物，
特別愛吃致命的漬螈。

粗皮漬螈：千萬別吃牠們。真的，一隻也別吃。即使你餓得半死也別吃，連想都別想。曾經有個29歲的傢伙吃了粗皮漬螈，馬上就倒地身亡。

這些中等體型的蠑螈頭部為棕色，腹部為鮮黃色或橘色，是地球上毒性最強的動物之一。漬螈受到威脅時會捲起尾巴、抬起脖子露出腹部，像是在說「退後，我很毒」。沒錯，牠們的確很毒：漬螈經過演化，皮膚腺體內含有高濃度劇毒。這種毒素名為河豚毒素（TTX），屬於神經毒，與致命河豚體內的毒素相同，可以迅速導致麻痺，往往會讓那些不幸或不智吃下牠的生物命喪黃泉。就連漬螈卵（對肉食性昆蟲而言是美味珍饈）也含有這種毒素。

這些漬螈在水中繁殖，公漬螈的指頭只有在繁殖期才會形成特殊的「婚墊」，以便抓住母漬螈的背。

搭鼻子便車的食客

蜂鳥、花蟎與醉嬌花

地點：美洲熱帶與亞熱帶地區

關係狀態：花蟎的捷運。蜂鳥盤旋在醉嬌花上方採集花蜜和傳播花粉時，花蟎會趁機鑽進蜂鳥的鼻腔，在蜂鳥吸氣與吐氣時捕捉進入鼻腔的氣味。不同種的花蟎以不同種的花朵為食，不過多種花蟎會共用同一隻鳥的鼻孔。等到這些小乘客聞到對的花朵氣味（花蟎沒有眼睛，主要靠嗅覺與觸覺過活），便會急忙沿著鳥喙下車。

這種關係雖然對花蟎有利，但對這個空中三角關係中的其他兩方卻很糟：花蟎體型雖小，但如果同時有數十隻擠在同一朵花中，加起來的食量就和一隻成鳥一樣大，幾乎與牠們的蜂鳥宿主不相上下，而且會導致花朵授粉的能力降低。

重點摘要：兩人成雙，三人不歡。

蜂鳥：這種體型嬌小的鳥類每秒以8字型拍動翅膀50下的速率穿梭於花朵間，由於飛行時會發出高頻的嗡嗡聲，因而有蜂鳥之名。體型最大的蜂鳥身長約13公分，而體型最小的身長約只有5公分，體重比一分錢硬幣還輕。蜂鳥每天攝取的花蜜量比自己的體重還重，新陳代謝速率幾乎居動物界之冠。在糧食不足時，蜂鳥會進入一種名為蟄伏的狀態以保留體力，將自己的新陳代謝速率減緩至平常的1/15。蜂鳥可以往前與往後飛行，飛行時速將近56公里，心跳每分鐘高達1,260下。

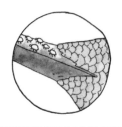

花蟎：這些討厭鬼的身材很迷你：身長大約只有0.1公厘，但這票小蟲卻有花蜜大盜之稱，因為牠們可以吃掉花朵4成的花蜜和5成的花粉。接著牠們會交配，產下數量驚人的蟲卵，再把目標轉移到下一朵花。牠們每秒可移動相當於自己身長12倍遠的距離，相對速度與獵豹不相上下。但牠們必須搭便車才能去到遠處的花朵。

醉嬌花：這種大型灌木或樹木屬於茜草科，又名長隔木或四葉紅花。醉嬌花的特徵是細長的橘紅色花朵，形狀正好合蜂鳥細長的鳥喙。

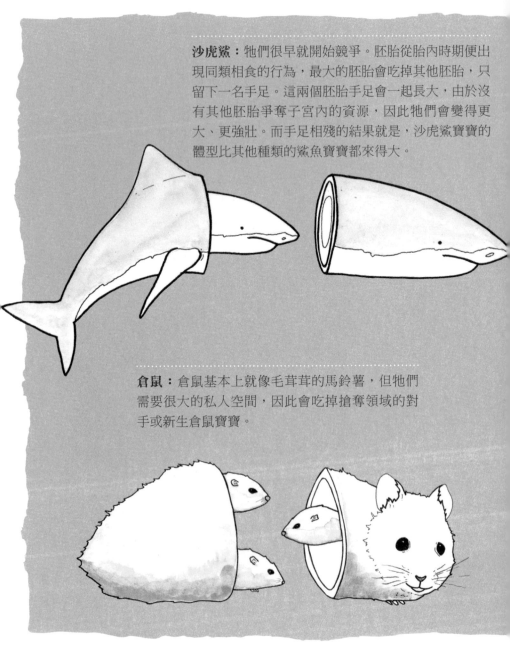

沙虎鯊：牠們很早就開始競爭。胚胎從胎內時期便出現同類相食的行為，最大的胚胎會吃掉其他胚胎，只留下一名手足。這兩個胚胎手足會一起長大，由於沒有其他胚胎爭奪子宮內的資源，因此牠們會變得更大、更強壯。而手足相殘的結果就是，沙虎鯊寶寶的體型比其他種類的鯊魚寶寶都來得大。

倉鼠：倉鼠基本上就像毛茸茸的馬鈴薯，但牠們需要很大的私人空間，因此會吃掉搶奪領域的對手或新生倉鼠寶寶。

動物界的
同類相食行為

海蟾蜍： 海蟾蜍的蝌蚪會利用身上的化學感測器偵測附近的海蟾蜍卵，然後把卵吃下肚。

虎紋鈍口螈： 某些寶寶會正常長大，但某些則會變身為大頭尖牙的同類相食者。和親族一起長大的蠑螈較不會出現同類相食的行為。

水上的相依關係

海獺、海膽與巨藻

地點：太平洋

關係狀態：三者關係達到平衡時，就能看到壯觀的巨藻。巨藻保護海獺，海獺吃海膽，海膽吃巨藻。如果沒有海獺抑制海膽的數量，暴增的海膽便會吃光巨藻森林，將一度興興向隆的生態體系變成「海膽荒地」，也就是空無一物，只剩下海膽。巨藻森林消失也會衝擊其他物種，造成一連串的生物滅亡，因此這是說明自然界平衡的最佳實例。只要體系的其中一環遭到破壞，整個體系就可能崩壞。

重點摘要：互相抗衡。

海膽：海膽是多刺、古老、無腦的雜食性動物，在海床上移動覓食，用類似足部的吸盤前進和採集食物。為了避開掠食者，海膽會躲在岩石凹縫中吃巨藻的碎屑與殘渣。

巨藻：巨藻是海洋生態系裡的要角，為魚類和海獺等其他海洋生物提供食物與安身之處。海獺會用巨藻葉纏住自己，以便睡覺時能漂浮在海面而不會漂遠。這片海底森林的作用與陸地上的森林相似，是吸收大氣中二氧化碳的重要角色。

海獺：這些淘氣的毛茸茸水齧鼠是特殊的海洋哺乳類動物：牠們跟鯨魚、海豹和海象不一樣，腳上有著肉墊，因此可以熟練地翻開岩石覓食並敲開貝殼——而且是把自己的腹部當成檯面，仰躺在海面上進行。海獺的皮毛厚度居陸海哺乳類動物之冠，但不幸的是，牠們也因此在19世紀初10年間被獵捕至幾近滅絕。幸好如今牠們的數量又大幅攀升。

蛇形蟲草真菌：這種古老的高度特化寄生真菌經過演化，已能寄生在各種螞蟻及其他昆蟲體內，利用宿主來培育並傳播孢子。科學家推測這些真菌早在盤古大陸時期便開始改變螞蟻的行為：德國出土的一塊4,800萬年前的葉片化石上有螞蟻啃咬的痕跡，顯示這隻螞蟻在4,800萬年前便被古老的真菌附身。

真菌釘

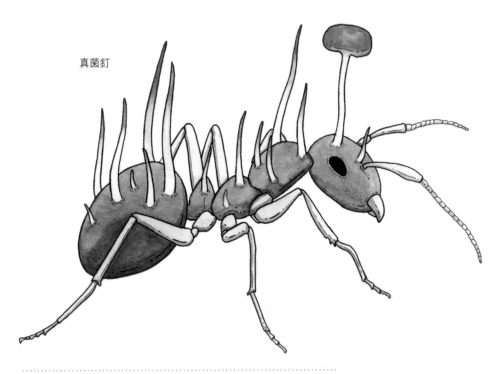

大黑蟻：這種巨大的森林蟻體長可達2.5公分，會在潮溼、腐壞或中空的木頭裡築巢，在其中啃食出隧道及房室。但這種螞蟻並不吃木頭，只是住在木頭裡而已。牠們會搜尋昆蟲死屍，只要找到目標就會圍上去吸取屍體內的體液，最後留下被吸乾的外骨骼。好吃。

螞蟻殭屍

蛇形蟲草真菌與大黑蟻

地點：全球熱帶森林

關係狀態：非正常關係。昆蟲只要感染這種真菌的孢子，神經系統就會受到控制。剛受到感染的螞蟻會腳步蹣跚和繞圈子，接著牠會爬上植物啃咬樹葉背面的主脈。大黑蟻通常不會去咬樹葉，牠會這麼做完全是受到真菌控制，因為真菌也破壞了大黑蟻下顎四周的肌肉，導致牠無法鬆口：葉片於是卡在螞蟻口中，成了名符其實地死咬著不放。

接下來真菌會由內而外吃光螞蟻的內臟和組織。螞蟻在6小時內便會死亡；2~3個小時後，菌絲便會從螞蟻死屍的後腦勺竄出，逐漸長成子實體，然後對地面釋出孢子，延續這種殭屍化與頭部植栽的循環。

螞蟻也有一些防禦措施：蟻群內的工蟻一旦發現遭感染的殭屍蟻便會將牠們搬出去，以免真菌在蟻窩內擴散，藉此避免大規模的死亡。還有另一種真菌會寄生在蛇形蟲草真菌中，而且直接長在真菌的頂端導致殭屍孢子無法傳播，藉此確保足夠的螞蟻存活，以便未來能夠繼續招待蛇形蟲草真菌。

重點摘要：簡單來說，就是操控。

恐怖操控

扁頭泥蜂與美洲蟑螂

地點：南亞、非洲及太平洋島嶼

關係狀態：殘酷且自私。雌蜂鎖定某隻無辜的蟑螂，奮力就定位後在蟑螂喉頭的特定部位刺一針，讓蟑螂的前腳癱瘓。接著雌蜂會在蟑螂的腦部附近連刺幾針，讓蟑螂無法動彈。然後她會咬掉蟑螂觸角的一半，迅速吸食蟑螂的血淋巴（昆蟲血），之後再拖著被害人的觸角將牠帶回洞穴，並將一顆白色蜂卵產在蟑螂的腹部，再用小碎石封住洞穴入口，然後出發去找更多的蟑螂來虐待。

而在洞穴內，蜂卵孵化為幼蟲後便會鑽入還活著的蟑螂體內，啃食蟑螂的內臟，留下重要器官最後才吃，以便盡可能延長宿主的壽命。接著幼蟲會結繭，並在蟑螂已空心的身體內壁分泌一種抗菌物質。幾天後泥蜂長大便能破蟑而出，振翅高飛。

重點摘要：生吞活剝的戲碼真實上演。

美洲蟑螂：這種滑溜、強韌、紅棕色、有翅膀的昆蟲，是人人都痛恨的食腐昆蟲。美洲蟑螂身長約4公分，是常見蟑螂種類中體型最大的，但牠其實並非來自美洲而是非洲，最早在1625年搭著西班牙尋寶船來到北美洲。

　　如今這種昆蟲無所不在。牠的速度也很快：根據科學家測量，美洲蟑螂每秒移動的距離最長可達自己身長的50倍，相當於人類以時速336公里的速度短跑，而且無需停下腳步便能鑽進門縫裡。蟑螂最早約出現在3億5,000萬年前，似乎不論自然界給牠們什麼艱難的磨練，牠們都有辦法克服，除了某種扁頭泥蜂，幾乎什麼都不怕。

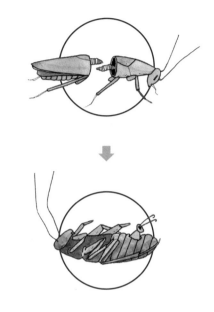

扁頭泥蜂：這種獨居的寄生蜂又稱翡翠蟑螂穴蜂，一方面是因為有著一身鮮豔的藍綠金屬光澤，也因為牠們專挑蟑螂下毒手。

吸血蝙蝠：吸血蝙蝠是唯一完全以鮮血為食的哺乳類動物，白天時都倒掛在漆黑的洞穴中補眠，而且都是成千上百隻聚在一起，夜間才外出覓食。這些傳奇生物常出現在恐怖故事中，但牠們其實很可愛，不僅能飛天也會走路，甚至會四肢並用跑步，並且將翅膀當成拐杖，向上一跳將自己推向空中，拇指最後才離地。

　　這種蝙蝠也十分有禮貌。牠們是人類以外唯一已知懂得禮尚往來的動物：以牠們的情況而言，就是分享鮮血。吸血蝙蝠吸了血之後，偶爾會將鮮血吐進其他蝙蝠的嘴裡，真是大方。牠們以這種方式養兒育女（雖然蝙蝠寶寶也喝母奶），也藉此認識其他蝙蝠。而受惠的蝙蝠日後有機會也會報恩，將自己辛苦掙來的鮮血吐出一些與牠大方的朋友分享。蝙蝠通常也會幫忙餵食新手媽咪。這個舉動就像是送鄰居千層麵……只不過每種食材都是鮮血。

牲畜：雞、牛、馬、綿羊、豬、山羊：所有溫血動物都逃不了飢餓蝙蝠的尖牙。

浴血關係
吸血蝙蝠與牲畜

地點：中南美洲

關係狀態：外出吸血。蝙蝠鼻子上的感測器會導引牠們到被害者體溫最高、血液最多的部位，然後便可以享用大餐。牠們用自己銳利的尖牙劃出小傷口，然後用舌頭舔食鮮血。蝙蝠唾液中的抗凝血劑會讓傷口血液變得稀薄順暢容易舔食，而被吸血的牲畜也常因此得到致命的感染和疾病。

吸血蝙蝠有3種，每一種的口味偏好都略有不同。常見的吸血蝙蝠不挑嘴：鳥類、哺乳類動物都可以接受，反正都一樣是血。白翼吸血蝠則比較挑嘴，雖然也喝鳥類與哺乳類動物的血，但最愛山羊血，最討厭牛血，會盡可能避免吸牛血。而毛腿吸血蝠則只吸鳥類的血，牠們會扮成雛鳥，以便接近母鳥血管分布密集的腹部。毛腿吸血蝠最愛母雞，尤其愛雞隻向後生長的大腳趾的血液。

重點摘要：牠們不但雙手染血，連鼻子、牙齒和舌頭也是。

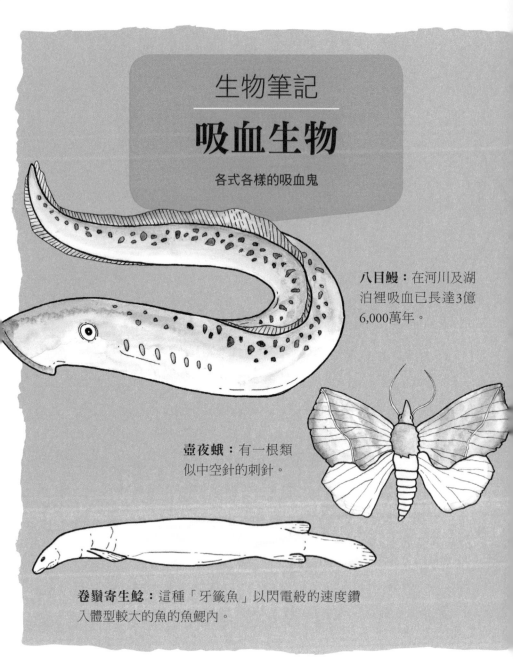

生物筆記

吸血生物

各式各樣的吸血鬼

八目鰻：在河川及湖泊裡吸血已長達3億6,000萬年。

壺夜蛾：有一根類似中空針的刺針。

卷鬚寄生鯰：這種「牙籤魚」以閃電般的速度鑽入體型較大的魚的魚鰓內。

顎

吸盤

充滿血液的胃部

吸盤

水蛭：有2張吸盤、3個顎部、5雙眼睛和1個胃，可以容納比自己體重多好幾倍的血液。

吸血地雀：以藍腳鰹鳥的血液為食。

跳蚤：如果人類能像跳蚤一樣跳躍，就能跳到將近50公尺高、90公尺遠。

蚊子：眾人皆知，也人見人討厭。

被蝨子咬掉舌頭
食舌蝨與史上最倒楣的魚

地點：各大洋

關係狀態：毛骨悚然。噁心到難以言喻。這種有7對足的白色甲殼類生物在可憐的魚嘴內營業，用自己的腳牢牢勾住魚鰓。安頓下來後，這種蝨子就開始從魚舌吸血。這個令人不舒服的過程將持續到魚的舌頭萎縮、喪失功能和壞死為止。最後魚舌脫落，騰出完美的空間讓這隻大蝨永久定居。

只有母食舌蝨會做出這種可怕的行為，但所有大蝨一出生時都是雄性，成群游入魚類的鰓中逐漸長大，最後其中一隻會變性。母食舌蝨會喪失視力、體型迅速變大，最後侵入魚嘴定居。

一旦安定下來，大蝨便以魚的血液和黏液為食。

目前已知的食舌蝨約有200種，天曉得還有多少種我們沒見過。

重點摘要：食舌蝨咬掉你的舌頭了嗎？

食舌蝨:通常稱為「海蝨」,這種甲殼類動物與寄生在人類頭皮上的蝨子不同。牠會長到2.5公分以上,為宿主帶來的麻煩遠比剃光頭更糟。大蝨有著一節節的外骨骼(就像那些生活在土壤中的圓滾滾甲蟲);有些生活在陸地,有些則生活在海中。這種食舌蝨使得整個族群臭名遠播。

入侵者

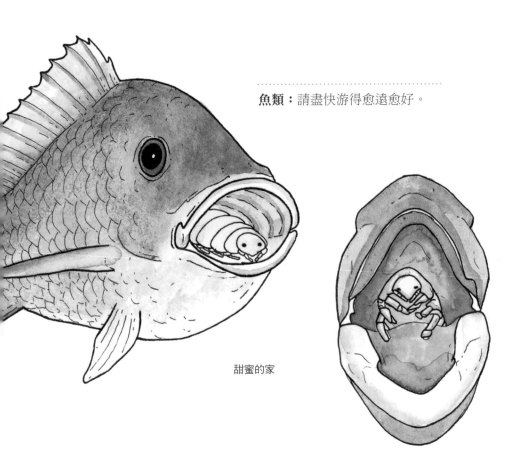

魚類:請盡快游得愈遠愈好。

甜蜜的家

雪茄達摩鯊：這種鯊魚會在被害者身上咬出正圓形的傷口，看起來就像是60年代科幻電影的場景。

扁蟲：食入扁蟲（*Ribeiroia ondatrae*）會導致蛙類生出四肢變多或變形的後代。

鼻煙壺蚌：幼體依附在魚類身上吸取養分，到了青春期便會脫落自食其力。相當無害。

尚可忍受

生物筆記

寄生生物

牠們有多噁心？

臭蟲：臭蟲可以在攝氏零下17度至攝氏49度的環境內生存，而且可以幾個月不吃東西。如果發現家裡出現臭蟲，可能必須燒掉所有物品。

條蟲：這種寄生蟲可以在人體腸道內寄生數十年，長到數十英尺長。雌條蟲一天可產下上百萬顆蟲卵。

馬蠅：這種蒼蠅會在哺乳類動物或人類皮膚下產卵，逐漸長大的蛆最後會造成類似水泡的傷口，發育完全的肥蛆會從水泡裡鑽出來。

令人噁心

毀人家庭

褐頭牛鸝與未來所有的鳥媽媽

地點：北美洲溫帶至亞熱帶地區

關係狀態：一場不公平交易。在產卵季節，雌牛鸝會觀察正在築巢的其他種雌鳥，在她們的鳥巢附近埋伏、保持低調，等到母鳥飛離鳥巢，便將其中一顆或多顆鳥蛋移出宿主的鳥巢，用鳥喙將蛋啄破或推落鳥巢，然後以自己的蛋取代。等到母鳥回巢便不疑有他，用自己溫暖的腹部孵牛鸝的蛋，繼續養育另一個母親的雛鳥。

這就是所謂的「巢寄生」，雖然對牛鸝有利，卻對其他物種有害。牛鸝不僅摧毀另一隻鳥辛苦產下的蛋，剛孵化的牛鸝雛鳥在與同窩其他雛鳥的競爭中也占有優勢。由於牛鸝蛋的孵化期較短，因此往往最先孵化、優先獲得餵食，也因此長得比較快，需要更多食物，比同窩其他的雛鳥享有更多先進者優勢。牛鸝媽媽的行為可說是名符其實的破壞別人家庭：她們會定期回來檢查自己的雛鳥，如果養母移走牛鸝擅自放入的蛋，牛鸝媽媽就會報復，將可憐宿主的鳥巢洗劫一空。因此，養母媽媽只好息事寧人，將牛鸝雛鳥視為己出扶養。牛鸝這種行為就跟「黑道」沒兩樣。

重點摘要：把自己的蛋放在別人家的籃子裡。如果牠們不接受你的蛋，就在對方的籃子裡搞蛋。

其他
鳥媽媽

灰貓嘲鶇

卡羅萊納州
鷦鷯

燕子

茶腹鳾

大冠蠅霸鶲

灰藍蚋鶯

母褐頭牛鸝　　　　　　　　公褐頭牛鸝

褐頭牛鸝：這種體型圓潤、聒噪、頑固的黑鸝鳥在北美洲開闊的大草原上飛行，吃著野放性口蹄下激起的蟲子。早在歐洲殖民時期，牛鸝就可能在北美野牛群附近出沒；如今，牠則是跟著馬群與牛群。這種游牧民族式的生活並不適合養育雛鳥，因為產卵的媽媽無法固定待在某處孵蛋。因此母牛鸝乾脆不築巢，而是產下許許多多的蛋，有時一個夏天就產下超過3打的蛋，然後將蛋分發給其他母鳥孵育。

未來的鳥媽媽：從常見的北美紅雀到瀕危的鳴鳥如黑紋背林鶯及黑頂綠鵐，多達200種的鳥媽媽都必須擔憂牛鸝帶來的威脅。

謝誌

感謝Kate、Hannah E.、Claire、Bunny、Max、爸媽、流行音樂和遠距健行。

全球生物關係
分布地點*

*非精確位置

01. 清潔蝦與超乾淨魚
02. 穴居捕鳥蛛與斑點蛙
03. 切葉蟻與環柄菇真菌
04. 縞獴與疣豬
05. 郊狼與美洲獾
06. 白犀牛羚與斑馬
07. 小丑魚和海葵

08. 熱帶海鰻與蠕線鰓棘鱸
09. 瓶鼻海豚與偽虎鯨
10. 絲蘭蛾與絲蘭
11. 夏威夷短尾烏賊與費氏弧菌（發光細菌）
12. 北美星鴉與北美白皮松
13. 三趾樹懶、樹懶蛾及藻類

14. 黃金水母與蟲黃藻
15. 槍蝦與蝦虎
16. 擬態章魚
17. 黃腰酋長鳥與波利比亞毒蜂
18. 遠洋白鰭鯊與領航魚
19. 豬籠草與紅蟹蜘蛛

作者簡介

　　艾瑞絲・葛特利柏是插畫家兼業餘科學家。她從小就愛蒐集生物屍體和活生物，至今仍樂此不疲，也在蒐集的過程中記錄和研究這些生物。她已經蒐集了3,614顆鯊魚牙齒。在探險之餘，艾瑞絲也以自由插畫家、動畫家和圖像記錄師的身分與博物館、出版刊物及個人合作。她是舊金山科學探索博物館（San Francisco Exploratorium）手作工作室（Tinkering Studio）的駐場插畫家，也在加州奧克蘭博物館（Oakland Museum of California）擔任插畫家。如果用動物來比喻，她會是一隻在北加州林間遊蕩的鹿。艾瑞絲深愛著她的狗。本書為她的第一本著作。